バックエンドエンジニアを目指す人のための Rust

安東 一慈／大西 諒
徳永 裕介／中村 謙弘
山中 雄大 著

本書内容に関するお問い合わせについて

このたびは翔泳社の書籍をお買い上げいただき、誠にありがとうございます。弊社では、読者の皆様からのお問い合わせに適切に対応させていただくため、以下のガイドラインへのご協力をお願い致しております。

下記項目をお読みいただき、手順に従ってお問い合わせください。

◉ ご質問される前に

弊社Webサイトの「正誤表」をご参照ください。これまでに判明した正誤や追加情報を掲載しています。

正誤表　https://www.shoeisha.co.jp/book/errata/

◉ ご質問方法

弊社Webサイトの「書籍に関するお問い合わせ」をご利用ください。

書籍に関するお問い合わせ　https://www.shoeisha.co.jp/book/qa/

インターネットをご利用でない場合は、FAXまたは郵便にて、下記"愛読者サービスセンター"までお問い合わせください。

電話でのご質問は、お受けしておりません。

◉ 回答について

回答は、ご質問いただいた手段によってご返事申し上げます。ご質問の内容によっては、回答に数日ないしはそれ以上の期間を要する場合があります。

◉ ご質問に際してのご注意

本書の対象を越えるもの、記述個所を特定されないもの、また読者固有の環境に起因するご質問等にはお答えできませんので、予めご了承ください。

◉ 郵便物送付先およびFAX番号

送付先住所　〒160-0006　東京都新宿区舟町5
FAX番号　　03-5362-3818
宛先　　　　（株）翔泳社　愛読者サービスセンター

※文中の社名、商品名等は各社の商標または登録商標である場合があります。
※本書に記載されたURL等は予告なく変更される場合があります。
※本書の出版にあたっては正確な記述につとめましたが、著者や出版社などのいずれも、本書の内容に対してなんらかの保証をするものではなく、内容やサンプルに基づくいかなる運用結果に関してもいっさいの責任を負いません。
※本書に掲載されているサンプルプログラムやスクリプト、および実行結果を記した画面イメージなどは、特定の設定に基づいた環境にて再現される一例です。
※本書では™、®、©は割愛させていただいております。

はじめに

　本書は、はじめてRustでプログラムを書く人のための入門書です。その中でもとくに、バックエンドエンジニアとしてRustを活用していきたい人に向けた書籍になっています。

　本書を手に取られた方の中には「バックエンドエンジニア」という言葉になじみのない方もいらっしゃると思いますので、バックエンドエンジニアについて簡単に説明します。

　ソフトウェアは大きく分けて、フロントエンドとバックエンドの2つの要素で構成されています。フロントエンドはウェブの画面などユーザーが直接見たり操作したりする部分のことをいい、見やすさや使いやすさといったユーザー体験の提供が主な役割です。一方でバックエンドはユーザーが直接見たり、操作したりしないフロントエンド以外の部分のことをいい、サーバーでの処理を中心にユーザー情報の管理や決済などソフトウェアの動作の根幹を担っています。

　フロントエンドとバックエンドは必要とされる技術が異なるためエンジニアの職種としても分かれていて、バックエンドを主に担当するのがバックエンドエンジニアです。

　バックエンドはソフトウェアの動作の根幹を担っているため、バックエンド開発においては動作の安定性と生産性を両立させることが求められます。例えば、不具合によってサーバーがダウンすると全ユーザーがサービスを使えなくなってしまいます。その一方でとくに新規開発のソフトウェアでは、サーバーの改修を含む新機能を高頻度でリリースしたくなります。

　このような特性のあるバックエンド開発において、Rustは最適なプログラミング言語の一つです。

　Rustは2015年にリリースされたプログラミング言語で、高パフォーマンスで安定したプログラムを高い生産性で開発できるという特徴を持っています。これは、所有権システムと呼ばれるRustの特徴的な仕組みを中心にした言語設計に加えて、パッケージマネージャーやユニットテストといった、開発を支える周辺機能が標準で組み込まれていることによるものです。

　読者のみなさんが本書でRustや周辺の技術領域について学び、バックエンドエンジニアとして活躍されることを願っています。

2024年9月

安東 一慈

本書の構成
Introduction

本書の構成

　本書は全13章構成です。前半の第1章～第5章ではRustの紹介とインストールから始まり、Rustの主要な文法事項を学びます。後半の第6章～第13章では重要なライブラリやツールの使い方を中心に学びながら、最後にバックエンドエンジニアとして働くための選考について紹介します。

　前半の第5章まではそれまでの章の内容が必要ですので、順番に読んでいくことをおすすめします。第6章以降は内容がおおむね独立しているため、飛ばしながら読んでも構いません。

　いずれの章も、プログラムを作りながら学んでいく形式になっています。本書の特徴である課題の細分化（フローチャート）を盛り込みました。そのため、肩肘張らず楽しみながら進んでいきましょう！

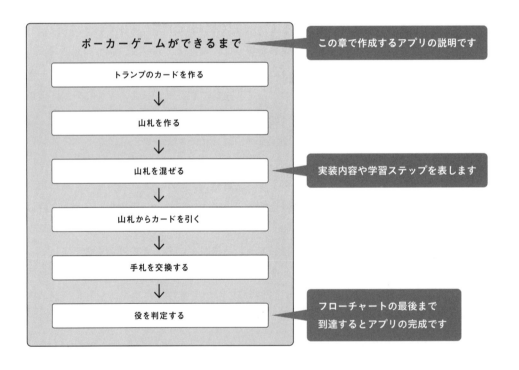

対象読者

　本書は、はじめてプログラムを書く人を主な対象としています。Rustのインストールか
ら採用面接に至るまで、Rustに限らない周辺知識も含めて一歩ずつ学んでいくことができ
ます。

　また、豊富なサンプルプログラムとともに解説しているため、すでに他言語を経験したう
えでRustに入門したい方、趣味としてRustに興味がある方にもおすすめです。

本書を読むにあたって

　本書は、次の開発環境を前提にしています。WindowsやLinuxなどほかの環境をお使い
の場合でもほとんどのサンプルプログラムは動作しますが、ツールのインストール方法や画
面表示が一部異なる場合があります。

- Appleシリコン（M1以降）搭載のmacOS
- Rust 2021 Edition（バージョン1.56.0以降）

　また、本書で作成したサンプルプログラムは、https://github.com/estie-inc/rust-book
にて公開しています。紙面の都合上省略した完成形などがありますので、ぜひご活用くださ
い。

目次
Contents

はじめに ································· 003

本書の構成 ······························ 004

著者紹介 ································· 013

第 1 章 Rustはどういうところで使われているのか？ ············· 014

| 1-1 | **Rustとは** ······························ 015 |
| 1-2 | **Rustは高パフォーマンス** ······················ 016 |

機械語にコンパイルされる ························ 017

ガベージコレクションが不要である ··················· 018

ゼロコスト抽象化を実現している ···················· 018

| 1-3 | **Rustは安全性が高い** ························· 019 |
| 1-4 | **Rustは生産性が高い** ························· 019 |

パッケージマネージャ ·························· 020

ユニットテスト ····························· 020

フォーマッター、リンター ························ 021

豊かな表現力 ······························ 022

| 1-5 | **どこで活用されているか** ······················ 024 |
| 1-6 | **活発なコミュニティ活動** ······················ 025 |

第 2 章 Rustのプログラムを動かせるようになろう [Hello, world!] ····· 026

| 2-1 | **Rustのツール一式をインストールしよう** ············· 028 |

macOSやLinuxでのインストール ···················· 028

Rustの開発ツール構成 ·························· 029

| 2-2 | **Rustでプログラムを書いてみよう** ················ 034 |

コードを書き始める前に ························· 034

rustc を使ってみよう ………………………………………………………… 036

Cargo を使ってみよう …………………………………………………………… 041

cargo new で新しくプロジェクトを作ってみよう ………………………… 041

ここまでのまとめ ………………………………………………………………… 048

2-3 開発環境を整えよう …………………………………………………………… 049

Visual Studio Code をもっと便利にしてみよう ………………………………… 049

第 3 章 インタラクティブなプログラムを 作れるようになろう [計算クイズ] ………………… 054

3-1 アプリケーションの仕様 ………………………………………………… 056

実行例 ……………………………………………………………………………… 056

3-2 事前準備 …………………………………………………………………………… 057

コード内コメント ……………………………………………………………… 057

値とデータ型 …………………………………………………………………… 058

変数 …………………………………………………………………………………… 060

式と文 ……………………………………………………………………………… 061

不変性と可変性 ………………………………………………………………… 062

3-3 クイズの正誤判定をしよう ……………………………………………… 063

プロジェクトの作成 …………………………………………………………… 063

ユーザーの入力を受け取る …………………………………………………… 064

加算の問題を作る ~ if 式~ …………………………………………………… 067

減算の問題を作る ~ unsigned / signed ~ ………………………………… 069

問題をランダムで生成する …………………………………………………… 073

3-4 さまざまな制御フローを使ってみよう ……………………………… 076

終了判定をする ~ for in / while ~ …………………………………………… 076

クイズの種類を出し分ける ~match~ ……………………………………… 078

正解するまで問題を出し続ける ~ loop ~ ………………………………… 081

007

目次 Contents

第 4 章 さまざまなデータ構造を扱えるようになろう [ポーカーゲーム] 086

4-1	アプリケーションの仕様	088
	実行例	089
4-2	プロジェクトを作ろう	090
4-3	トランプのカードを定義しよう	091
4-4	トランプのカードを変数に代入しよう	092
4-5	52枚の山札を作ろう	094
4-6	山札をシャッフルしよう	095
4-7	山札からカードを引こう	096
4-8	手札交換	098
4-9	役判定	100

第 5 章 関数とメソッドを扱えるようになろう [メモリ機能付き電卓] 102

5-1	アプリケーションの仕様	104
5-2	加減乗除機能を作ろう	105
	関数を使わない実装	105
	関数の定義と呼び出し方	107
	処理を関数に分割しよう	111
	関数を使うメリット	113
5-3	メモリ機能を実装しよう	115
	メモリへの読み書き	115
	参照渡しと値渡し	122
5-4	メモリ機能を拡張しよう	126
	メモリを10個に増やそう	126
	所有権システム	131

リベンジ：メモリを10個に増やそう ……………………………………………… 136

メモリに名前をつける ……………………………………………………………… 141

5-5　複雑な数式を計算できるようにしよう …………………………… 159

トークンの意味を解釈する場所を整理する ………………………………… 159

【発展】括弧のない式を計算しよう ………………………………………… 165

【発展】括弧付きの式を計算しよう ………………………………………… 170

第 6 章　ファイル入出力のあるコマンドラインツールを作れるようになろう [家計簿プログラム] ……… 178

6-1　家計簿アプリの仕様 ……………………………………………………… 180

6-2　コマンドを作ろう ………………………………………………………… 181

CLIコマンドを作ろう ……………………………………………………………… 181

サブコマンドを作ろう …………………………………………………………… 183

6-3　CSVファイルを扱ってみよう ………………………………………… 190

ファイルを作ろう 〜 new コマンドを実装しよう〜 ……………………… 190

ファイルに追記しよう 〜 deposit, withdraw コマンドを実装しよう〜 … 196

複数のレコードを一括で作ろう 〜 import コマンドを実装しよう〜 …… 209

複数のファイルを操作しよう 〜 report コマンドを実装しよう〜 ………… 221

第 7 章　自作ライブラリを公開できるようになろう [本棚ツール] ………… 228

7-1　package, crate, module を理解しよう ……………………… 230

package と crate ……………………………………………………………………… 230

module を理解しよう ……………………………………………………………… 233

module を使ってみよう …………………………………………………………… 234

module を複数ファイルに分割してみよう ………………………………… 246

7-2　外部 crate を使ってみよう …………………………………………… 250

009

目次 Contents

crates.io 250

crate を追加する 250

7-3 自作ライブラリを作ろう 257

実装してみよう 257

別の crate から呼んでみよう 263

Git を使ってみよう 265

自作ライブラリを使ってみよう 269

第 8 章 単体テストを 書けるようになろう [勉強会カレンダーツール] 272

8-1 テストとは何か 274

バグからは逃れられない 274

テストをしよう 275

本章で扱うこと 275

8-2 予定を読み書きできるようにしよう 276

ツールの仕様 276

データの保存形式 277

予定の一覧を表示する 278

予定を追加しよう 283

8-3 予定の重複をチェックしよう 287

予定の重複判定 287

テストを作ろう 291

重複チェックロジックを修正しよう 297

テストを簡潔に書こう 300

8-4 予定を削除できるようにしよう 309

予定の削除機能を実装しよう 309

デバッグの仕方 315

第 9 章　エラーハンドリングを扱えるようになろう [勉強会カレンダーツール] 324

9-1	エラーハンドリング 326
9-2	エラー処理の基本 327
9-3	エラー型を定義する 329
9-4	?を使ったエラーハンドリング 331
9-5	実践的なエラーハンドリング 333

カレンダーを読み込む関数のエラーハンドリング 333
カレンダーを保存する関数のエラーハンドリング 335
独自のエラー型を実装しよう 336
エラーの変換ロジックを実装しよう 338
thiserror 339

第 10 章　かんたんなウェブアプリを作れるようになろう [TODOアプリ] 342

10-1	ウェブブラウザの仕組み 344
10-2	TODO アプリを作ろう 345

TODO アプリの仕様 345
メッセージを表示しよう 346
HTML を表示しよう 350
データを保存しよう 363
TODO アプリを完成させよう 371

第 11 章　自作ウェブアプリを公開しよう [TODOアプリの公開] 386

11-1	事前準備 388
11-2	Git リポジトリの作成 388

011

目次
Contents

11-3 render.com の登録 391

第 12 章 並列処理を扱えるようになろう [画像処理ツール] 394

12-1 **サムネイル作成ツールを作ろう** 396
非並列版のプログラムを作ろう 396

12-2 **並列処理入門** 402
1 を 10 億回足そう 402
不可解な足し算 403
排他制御で安全にデータ同期 407

12-3 **さまざまなデータ同期方法** 413
サムネイル作成ツールの並列化 413
チャンネル 419
rayon でお気軽並列処理 422

第 13 章 バックエンドエンジニアになろう [採用面接] 426

13-1 **選考の流れ** 428
書類選考 428
一次面接 428
技術面接 429
二次面接 430

13-2 **技術面接の対策** 431
問題A 431
解法A 431
問題B 437
解法B 437

著者紹介
Profile

安東 一慈

　東京大学工学部卒。株式会社estieでソフトウェアエンジニアとして、主に社内の不動産データの管理システムの開発を担当。データの加工からフロントエンド実装まで幅広く手掛け、「日本で一番不動産登記簿に詳しいRustacean」を自称している。

大西 諒

　沖縄工業高等専門学校情報通信システム工学科卒。株式会社estieでソフトウェアエンジニアとして、主にウェブアプリケーションのバックエンド領域を担当。それ以前はフリーランスとしてウェブアプリケーションの開発に従事し、フロントエンドからインフラまで幅広く対応していた。

徳永 裕介

　株式会社estieでソフトウェアエンジニアとして、複数のサービスの立ち上げを担当。それ以前はECやクラウドファンディングなどのtoCサービスのウェブアプリケーションを中心に開発・保守・運用に従事していた。

中村 謙弘

　株式会社estieでスタッフエンジニアとしてプラットフォームエンジニアリングに携わっている。それ以前はIndeedにて機械学習システムの開発を担当していた。共著書に『実践Rustプログラミング入門』（秀和システム）、『アルゴリズム実技検定 公式テキスト エントリー〜中級編・上級〜エキスパート編』（マイナビ出版）がある。

山中 雄大

　1993年、兵庫県生まれ。金融系などの大規模開発を経験した後、2020年に株式会社estie入社。ソフトウェアエンジニアとして、主にウェブアプリケーションの開発を担当。元ビアポン日本代表。

第1章

Rustはどういうところで
使われているのか?

本章ではRustがどのようなプログラミング言語か、どういったメリットのある言語なのかを解説します。

また、Rustの活用事例も紹介します。

SECTION 1-1 Rustとは

　Rustは2015年に正式にリリースされたプログラミング言語です。Mozilla社のGraydon Hoare氏の個人プロジェクトから始まり、同社のウェブブラウザであるFirefoxなどに使われました。

　Rustは近年注目されている言語であり、プログラミングに関する質問を投稿できる海外サイト「Stack Overflow」で開発者向けに毎年行われる「Developer Survey」においてRustを使いたいと考えているユーザーが多いという調査結果が出ています。また、Rustを使っているユーザーのうち「来年も使いたいと考えている」割合が80％を超えています。

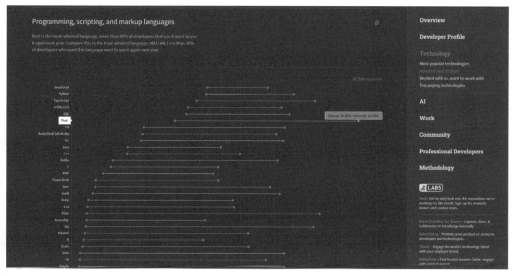

https://survey.stackoverflow.co/2023/#section-admired-and-desired-programming-scripting-and-markup-languages

では、Rustはなぜ使いたいと思われているのでしょうか？　理由としては大きく3つあります。

・パフォーマンスの高さ
・安全性の高さ
・生産性の高さ

それぞれについて解説していきます。

SECTION 1-2 Rustは高パフォーマンス

　Rustはプログラムのメモリ効率や実行速度を非常に重視した言語です。さまざまなプログラミング言語の実行速度を比較した「Benchmark Games」というウェブサイトによると、Rustはほかのプログラミング言語と比べてトップクラスの実行速度であることがわかります。

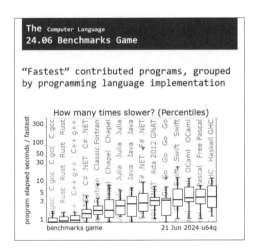

https://benchmarksgame-team.pages.debian.net/benchmarksgame/box-plot-summary-charts.html

　では、なぜこれほど実行速度が速いのでしょうか。

機械語にコンパイルされる

　人間が読んで理解できるソースコードを、コンピュータ上で実行するための形式に変換することを、**コンパイル**と言います。コンパイルを行うプログラムをコンパイラと呼びます。

　JavaやPythonといったプログラミング言語は、バイトコードという形式にコンパイルされます。バイトコードはハードウェア上で直接実行することができず、仮想マシンというソフトウェア上で実行することができます。仮想マシンはバイトコードを、ハードウェア上で実行するための機械語に変換する必要があるため、機械語を直接実行するのに比べて遅くなってしまいます。一方で、機械語はOSやCPUが異なる環境では実行できませんが、バイトコードは仮想マシンが動く環境であればOSやCPUが異なっていても実行できるというメリットがあります。

　Rustを始め、CやC++、Goといったプログラミング言語は、機械語にコンパイルされます。バイトコードを経由する場合と異なり、環境が変わってもそのまま動くというメリットはありませんが、機械語はハードウェア上で直接実行されるため、高速に実行することができます。

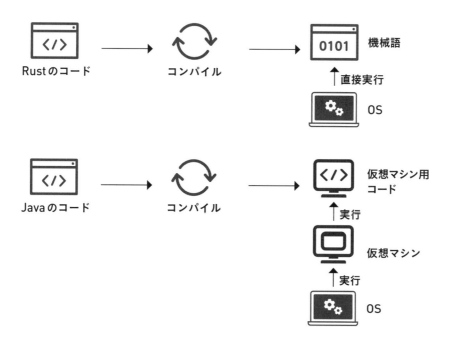

ガベージコレクションが不要である

　Go言語をはじめとする多くのプログラミング言語には、ガベージコレクションという、プログラム上で使われていないメモリ領域を解放する仕組みがあります。ガベージコレクションにより、プログラマはメモリの確保や解放に気を使う必要がほとんどなくなります。一方で、ガベージコレクションのためにメモリ領域の使用状況を定期的にチェックする必要があるため、全体の実行速度が少し下がってしまいます。

　RustやC、C++といったプログラミング言語にはガベージコレクションは搭載されておらず、プログラマが自分で気をつけてメモリ領域を確保したり、解放したりする必要があります。CやC++ではメモリ領域の扱いが難しく、バグの原因になっていましたが、Rustでは所有権という概念を導入し、プログラマが意識しなくてもガベージコレクションなしで自然にメモリの管理ができるようになっています。

ゼロコスト抽象化を実現している

　プログラミングをしていると、数値や文字列など、異なる種類のデータに対して同じ処理を実装するケースがあります。同様のコードをデータの各種類に対して実装するのではなく、1つのコードで各種類について動くようにすることを、抽象化と言います。抽象化されたコードは、各種類のデータを処理するために、それぞれの種類にあった実際の処理に変換する必要があります。

　Javaなどのプログラミング言語は、抽象化されたコードを実行時に変換しているため、実行が少し遅くなってしまいます。Rustでは、コンパイル時に抽象化されたコードを実際の処理に変換しているため、実行時には変換済みの処理を使うことができ、実行速度に影響しません。これを**ゼロコスト抽象化**と呼びます。

　Rustでは、このゼロコスト抽象化により、抽象化によるプログラミングのしやすさと実行速度を両立しています。

SECTION 1-3 Rustは安全性が高い

プログラマは安全なプログラムを書くように気をつける必要があります。しかし、気をつけていても混入してしまう間違いとして、次に示すようなバグがよく知られています。

- 一度解放したメモリ領域を参照してしまう
- 複数のスレッドから同時に同じ場所に書き込んでしまう

これらのバグは古くから存在し、今なおソフトウェア開発の現場でプログラマの悩みの種となっています。

Rustでは、これらの点について、前述した所有権という概念を使ってコンパイル時に機械的にチェックしてくれるため、プログラマがうっかり混入させてしまうのを防いでくれます。

SECTION 1-4 Rustは生産性が高い

バックエンドエンジニアに求められることは、次に示すように多岐にわたります。

- 開発を効率よく進めるために、ほかの人が作ったツールを取り入れる
- テストコードを書いて、自分の書いたコードが想定どおり動くことを保証する
- チームでコーディング規約を決め、それに沿ってコードを書く

Rustには、これらをサポートする機能やツールが組み込まれています。

パッケージマネージャ

　プログラミングをする際に、ゼロからすべて自分でコードを書くこともできますが、ほかのプログラマが書いたコードを取り入れて使うこともできます。このように、ほかの人が書いたコードを**ライブラリ**と呼びます。Rust ではライブラリを使いやすくパッケージングして配布しています。パッケージされたライブラリは crate（クレート）と呼ばれていて、https://crates.io/ で世界中のプログラマが自分で作った crate を公開しています。各 crate にはライセンス（規約）が定められていて、ライセンスの範囲内で自由に使うことができます。crate を自作して公開する方法は第7章で詳しく解説します。

　パッケージされたライブラリを簡単に利用するツールは、**パッケージマネージャ**と呼ばれています。Rust で crate を簡単に使うためのパッケージマネージャとして cargo が用意されています。cargo を使って crate を追加、削除、更新することができます。cargo の使い方は第2章で詳しく解説します。

ユニットテスト

　ソフトウェア開発をするうえで、**テスト**は欠かせません。

　テストの方法はいくつかあります。手動でプログラムを動かし、動作に問題がないことを確認することもあれば、テストコードと呼ばれるテストをするためのプログラムを書いて、プログラムに機械的にテストをさせることもあります。

　コードを追加するたびに手動でテストをするのは手間ですし、時間もかかります。また、人間が行う以上、テストすべき項目が抜けてしまうこともあります。テストコードを書いて、プログラムに機械的にテストをさせることで、動作を担保しつつ高速に開発を進めることができます。

　ほかのプログラミング言語では、テストコードを書くために特別な準備が必要な場合もありますが、Rust ではテストコードを書く仕組みが標準で備わっています。

プログラムのコードとテストコードを同じファイルに書くことができるため、動作の内容と担保されている挙動を同時に確認することができます。

関数とテストコードの例

```
pub fn add(a: i32, b: i32) -> i32 {
    a + b
}


#[cfg(test)]
mod tests {
    use super::*;


    #[test]
    fn test_add() {
        assert_eq!(add(1, 2), 3);
    }
}
```

テストコードの書き方については第8章で詳しく解説します。

フォーマッター、リンター

チームで開発するときには**コーディング規約**というものを決めることが一般的です。コーディング規約とは、プログラムを書くときの取り決めで、複数人からなるチームで開発していても、同一人物が書いたかのような一貫性のあるコードを書くためのルールです。

Rustにはrustfmtというコードを自動的に整形するツール（フォーマッター）が標準で搭載されています。改行の位置やスペースの位置などが、コーディング規約に沿ったスタイルに機械的に整えられ、複数人で開発していても同じスタイルでコードを書くことができます。

また、clippyというコーディング規約を守っているかチェックするツール（リンター）も標準で備わっています。リンターを定期的に実行することで、コーディング規約に沿っていないコードがいつの間にか交ざってしまうことを防げます。

フォーマッターやリンターの導入方法や使い方は第2章で詳しく解説します。

豊かな表現力

Rustはさまざまな状態をプログラムに落とし込むことができる豊かな表現力があります。

例えば、Rustには**Option型**というものが標準で備わっていて、これを使うことで値がない可能性があるということを表現できます。ほかのプログラミング言語では、nullという値を用いて値がないことを表現しますが、これは値があるかどうかをプログラマ自身が気をつける必要があります。値があると思っていたが実行してみると値がないこともあった、ということも往々にしてあり、バグの原因になっています。

Rustではnullは採用されず、Option型を用いることで、値がない場所で値を読み込もうとしないようにコンパイラが機械的にチェックしています。

```rust
fn main() {
    let value: Option<i32> = Some(1);
    // let value: Option<i32> = None; // 値がない場合はNoneと表現する

    match value {
        Some(_) => println!("値があります"),
        None => println!("値がありません"),
    }
}
```

Option型を用いることで、値がないケースの見落としを機械的にチェックすることができ、バグを未然に防ぐことができます。

　Option型については第3章末のコラムで詳しく解説します。

　また、**Result型**というものも標準で備わっています。これは、エラーが発生する可能性があるということを表現できます。

```
fn main() {
    let value: Result<i32, &str> = Ok(1);
    // let value: Result<i32, &str> = Err("error"); // Errでエラーを表現する

    match value {
        Ok(_) => println!("OKです"),
        Err(_) => println!("エラーです"),
    }
}
```

　ほかのプログラミング言語では例外という形でエラーを扱うことがありますが、プログラマ自身でエラーが発生するかどうか、気をつける必要があります。RustではResult型を用いることで、エラーを処理し忘れていないかを機械的にチェックしています。これによって、エラー処理を忘れたことでプログラムが強制的に停止してしまうことを防いでいます。

　Result型については第9章で詳しく解説します。

SECTION 1-5 どこで活用されているか

　ここまでで、Rustは高パフォーマンスで、安全性、生産性がいずれも高いプログラミング言語であることがわかりました。Rustはこれらの特徴を活かして、著名なソフトウェアの開発に使われています。

　例えば、Dropboxは2016年という早い段階から、内部で動作しているファイルシステムの開発にRustを採用しています。当時はGo言語も候補に挙がったそうですが、RustのほうがGo言語よりも効率的にデータを管理できることから、Rustが採用されています。

　また、WindowsやAndroidといったOSの開発にもRustが使われはじめています。従来、OSの開発にはC言語やC++が使われることがほとんどでした。しかし、これらの言語は高パフォーマンスであるもののメモリ管理をプログラマ自身が気をつけて行う必要があり、OSのバグや脆弱性の原因となっていました。そこで、C言語やC++と同等の性能が出て、かつ、安全性の高いRustに置き換えることで、バグや脆弱性を減らして品質を高める動きが進んでいます。

　これらのソフトウェア以外にも、Rustはハードウェアへの組み込み用途からウェブアプリケーション、ゲームまでさまざまな場面で幅広く活用されています。

SECTION 1-6 活発なコミュニティ活動

　Rustの開発はGitHubというウェブサイトで行われていて、毎日のように新しい機能が追加されています。公式フォーラムでも活発に議論されているほか、RustConfというイベントが毎年開催され、多くの人が集まっています。

　日本でも活発にコミュニティ活動が行われています。

- **Rustのドキュメント翻訳まとめ**[※1]：Rustのドキュメントを有志の方々が翻訳しています
- **Rust.Tokyo**[※2]：日本で行われるRustのカンファレンスで、毎年多くの参加者が集まります
- **rust-jp**[※3]：日本語で質問できるオンラインのチャットで、誰でも参加できます

　このように日本語で参加できるコミュニティも活発ですので、ぜひRustの世界に飛び込んでみてください！

※1　https://doc.rust-jp.rs/
※2　https://rust.tokyo/
※3　https://rust-lang-jp.zulipchat.com/

第 2 章

Rustのプログラムを
動かせるようになろう
[Hello, world!]

本章ではRustで開発を行うためのfirst stepを扱います。Rustの
ツール一式のインストールから、コンパイル・実行手順の解説を行
います。

また、開発や学習を行ううえでほぼ必須となるエディタとrust-
analyzerについても解説します。

第2章 Flow Chart

Hello, world! が出力されるまで

SECTION 2-1 Rustのツール一式をインストールしよう

　Rustの開発環境を作るのは簡単です。インストール方法は公式ドキュメント[1]にありますが、インターネットに接続できる環境で、かつLinuxやmacOSを利用している場合、下記の1行のコマンドでインストールが可能です。基本的にrustupというツールを使ってインストールします。

macOSやLinuxでのインストール

ここからの手順では最新安定版をインストールします。

```
$ curl --proto '=https' --tlsv1.2 -sSf https://sh.rustup.rs | sh
```

このコマンドを実行すると、英語で次々と出力されると思いますが、これらについては後ほど解説します。まずはインストールを済ませてしまいましょう。

最後の3行に以下の3つの選択肢が表示されているはずです。

1. defaultの設定でインストールする
2. カスタム設定でインストールする
3. キャンセルする

1を入力してenterを押し、default設定でインストールしましょう。

ここからまた英語のメッセージが次々と出力されるのですが、こちらもまた後ほど解説します。出力が終わったら、一度shellを再起動してから、次のコマンドを実行してみましょう。

---

[1] https://doc.rust-lang.org/book/ch01-01-installation.html

```
$ rustc --version
```

次のようにrustcのバージョンが出力されるはずです。これでRustのインストールは終了です。

```
> rustc 1.74.0 (79e9716c9 2023-11-13)
```

Rustの開発ツール構成

　さて、Rustのインストールが完了しましたが、先ほどのコマンド実行時に出力されていたメッセージには、今後Rustで開発・学習を進めていくうえで重要な概念がいくつか登場しています。いったん読み飛ばしてしまって、次の章に進んでしまっても構いませんが、気になる方はご覧ください。

　一番はじめのコマンド（$ curl --proto '=https' --tlsv1.2 -sSf https://sh.rustup.rs | sh）を実行後のメッセージを以下に示します。こちらは筆者（hige.yy）の環境です。Rustは日々改善の進んでいる言語ですので、表示される内容が今後変わることがあります。

```
info: downloading installer

Welcome to Rust!

This will download and install the official compiler for the Rust
programming language, and its package manager, Cargo.

rustup metadata and toolchains will be installed into the rustup
home directory, located at:

  /Users/hige.yy/.rustup

This can be modified with the RUSTUP_HOME environment variable.
```

```
The Cargo home directory is located at:

  /Users/hige.yy/.cargo

This can be modified with the CARGO_HOME environment variable.


The cargo, rustc, rustup and other commands will be added to
Cargo's bin directory, located at:

  /Users/hige.yy/.cargo/bin

This path will then be added to your PATH environment variable by
modifying the profile files located at:

  /Users/hige.yy/.profile
  /Users/hige.yy/.bashrc
  /Users/hige.yy/.zshenv

You can uninstall at any time with rustup self uninstall and
these changes will be reverted.

Current installation options:


   default host triple: aarch64-apple-darwin
     default toolchain: stable (default)
               profile: default
  modify PATH variable: yes

1) Proceed with installation (default)
2) Customize installation
3) Cancel installation
```

まず、このコマンドでインストールされるのはRustの公式コンパイラとパッケージマネージャであるCargoです、ということが説明されています。

　rustupについては以下のように記述されています。

- rustupのホームディレクトリとしてデフォルトでは~/.rustupにメタデータやツールがインストールされます
- このホームディレクトリは環境変数のRUSTUP_HOMEで変更することができます

　rustupはRust本体のインストールを管理するもので、rustupを使うことで、Rustのアップデートや安定版・ベータ版・開発版の切り替えを行うことができます。そのため、新しいRustがリリースされたら次のコマンドを実行することで、新しいバージョンをインストールすることができます。

```
$ rustup update
```

　普通に開発をしていくうえでは、上記のコマンドで入る安定版を利用していれば十分ですが、ベータ版や開発版でリリース前の最新機能を試す場合は、公式のガイドラインを参考に、インストールしてみてください。

　Cargoについては次のように記述されています。

- Cargoのホームディレクトリとしてデフォルトでは~/.cargoが利用されます
- このホームディレクトリは環境変数のCARGO_HOMEで変更することができます
- cargo, rustup, rustcなどのコマンドは~/.cargo/binにインストールされます

　CargoはRustのビルドシステム兼パッケージマネージャです。Rustのコードを動く状態にするために必要なもので、コードのビルドやcrateの依存関係の解決といったさまざまな仕事をやってくれます。rustcやclippyをはじめとするさまざまなツールも、基本的にCargoを経由して実行することになります。

2-1　Rustのツール一式をインストールしよう　　　031

最後に、メッセージの後半では、PATHの設定内容について説明されています。本来、インストールされたツールは、インストールされた場所を含んだフルパスを指定しないと実行できません。しかし、PATHを通すことで、フルパスで指定せずにコマンドを実行することが可能になります。これはdefaultではインストーラが勝手にやってくれるものなので、深く考える必要はありません。

　次に、1) default設定でのインストール、を選択した後のメッセージです。

```
info: profile set to 'default'
info: default host triple is aarch64-apple-darwin
info: syncing channel updates for 'stable-aarch64-apple-darwin'
info: latest update on 2023-11-16, rust version 1.74.0 (79e9716c9 2023-
11-13)
info: downloading component 'cargo'
info: downloading component 'clippy'
info: downloading component 'rust-docs'
 14.4 MiB /  14.4 MiB (100 %)  12.1 MiB/s in  1s ETA:  0s
info: downloading component 'rust-std'
 24.1 MiB /  24.1 MiB (100 %)  16.7 MiB/s in  1s ETA:  0s
info: downloading component 'rustc'
 54.6 MiB /  54.6 MiB (100 %)  26.4 MiB/s in  2s ETA:  0s
info: downloading component 'rustfmt'
info: installing component 'cargo'
info: installing component 'clippy'
info: installing component 'rust-docs'
 14.4 MiB /  14.4 MiB (100 %)   7.2 MiB/s in  1s ETA:  0s
info: installing component 'rust-std'
 24.1 MiB /  24.1 MiB (100 %)  21.1 MiB/s in  1s ETA:  0s
info: installing component 'rustc'
 54.6 MiB /  54.6 MiB (100 %)  23.7 MiB/s in  2s ETA:  0s
info: installing component 'rustfmt'
info: default toolchain set to 'stable-aarch64-apple-darwin'
```

```
  stable-aarch64-apple-darwin installed - rustc 1.74.0 (79e9716c9 2023-
11-13)


Rust is installed now. Great!

To get started you may need to restart your current shell.
This would reload your PATH environment variable to include
Cargo's bin directory ($HOME/.cargo/bin).


To configure your current shell, run:
source  "$HOME/.cargo/env"
```

　上記のメッセージに登場しているツールを簡単に説明します。これらのツールは後ほど詳しく
解説します。

- **Cargo**
  Rustのビルドツール・パッケージマネージャ
- **rustc**
  Rustのコンパイラ
- **clippy**
  静的解析ツール（linter）の一つで、コードを分析してよりよい書き方やよくある誤りを指
  摘してくれるツール
- **rustfmt**
  Rustのコードを推奨されている形に自動で整形してくれるツール
- **rustdoc**
  Rustのコード内にコメントを書くことで、それをHTMLのドキュメントとして整形してく
  れるツール

SECTION 2-2 Rustでプログラムを書いてみよう

それでは、実際にRustでコードを書き、実行してみましょう。

コードを書き始める前に

　コードを書き始める前に、まずはエディタをインストールしましょう。中にはメモ帳だけでコードを書く猛者もいますが、Visual Studio Code (VS Code) をはじめとする高機能なエディタの入力支援機能を使いながらコードを書くのが一般的です。高機能なエディタの中でもVS Codeはセットアップと使い方が簡単であり、現状Rustで最もサポートされているエディタです。ここからはこのVS Codeを使って解説していきますので、まずはインストールしてみてください。Rustを書くうえで便利な設定などは、本章の後半で解説します。

　公式ページ[2]を見ていただければ、簡単にインストールすることができます。インストールしたVS Codeを起動すると、次のようなWelcomeページが立ち上がるはずです。

※2 https://code.visualstudio.com/

このページが立ち上がったら早速これから作業するための場所を作っておきましょう。まず、Start以下の「Open...」をクリックし、これからコードを置くための場所を作ります。場所はどこでもよいのですが、~/projectsとなる場所に作ります（~はホームディレクトリを指します）。

　このように新規フォルダを作成したら、このprojectsフォルダを選択して開きましょう。

　これでコードを書くための準備は完了です。

rustcを使ってみよう

新しい言語を学ぶ際に、「Hello, world!」という文字を画面に出力する小さなプログラムを実装するのが定番です。ここでも同じようにやってみましょう。

まず、main.rsという名前のファイルを作ってください。Rustのファイルは常に.rsという拡張子になります。命名規則として、Rustでは2単語以上を使う場合、hello world.rs や hello-world.rs ではなく hello_world.rs とアンダースコアを利用する必要があります。

main.rsファイルを作ったら、その中に次のコードを入力してください。内容はまだわからなくても大丈夫です。fn main ... の部分はおまじないだと思ってください。

```
fn main() {
    println!("Hello, world!");
}
```

ファイルを保存し、ターミナルを起動します。エディタ上部の虫眼鏡マークのところをクリックすると、次のように表示されます。

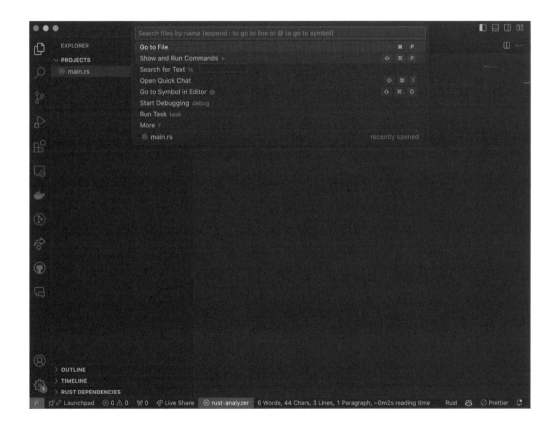

ここから、Show and Run Commandsを選択し、toggle terminalと入力してください。次のような選択肢が現れるので、View: Toggle Terminalを選択してください。

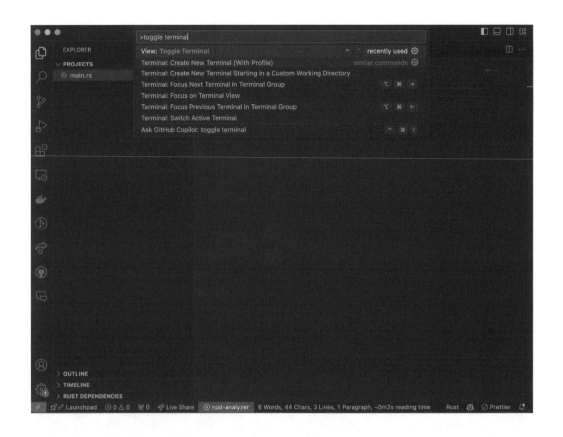

　これで、画面下部にターミナルを表示することができます。デフォルト設定のままの場合、`ctrl + ``で起動するショートカットもあります。

ターミナルが表示されたら、先ほどの実装を動かしてみましょう。まず、次のコマンドを実行します。

```
$ rustc ./main.rs
```

projectsディレクトリ内に新しくmainという名前のファイルが作成されます。このファイルが実行可能ファイルになっているので、次のコマンドを実行してみましょう。

```
$ ./main
```

Hello, world!が出力されるはずです。これであなたもRustacean（Rust愛好者の愛称）の仲間入りです。

　Rustはプログラムを実行する前に、先ほどのようにrustcコマンドを入力し、ソースファイルの名前を渡すことで、コンパイラを使ってコンパイルする必要があります。

　今回のような単純なプログラムは外部のライブラリへの依存が存在せずrustcだけで十分ですが、より複雑なプログラムを実装する際にはさまざまな依存を追加することになるでしょう。依存関係を自動的に解決し、プログラムをビルドするためにはCargoを利用します。今後はRustで書いたプログラムを実行するためにrustcは使わずにCargoを使うことにします。Cargoが内部でrustcを使ってプログラムをコンパイルします。

Cargoを使ってみよう

　Rustを書くほとんどの人々がこのCargoを使ってプロジェクトを管理しています。本書では、今後Cargoを使って開発を進めていくので、Cargoがインストールされているかどうか確認しておきましょう。以下のコマンドを実行し、バージョン情報が出力されればインストールされています。

```
$ cargo --version
```

cargo new で新しくプロジェクトを作ってみよう

　ここでも先ほどと同様に、「Hello, world!」と出力するプログラムを作成していきます。

　まず、Cargoを使ってパッケージディレクトリを作ります。パッケージはある機能群を提供する1つ以上のcrateですが、今は深く考えずに何かしらの機能群を提供する塊のことをパッケージと呼んでいるという認識で構いません。先ほど作成した~/projectsディレクトリに移動し、cargo newコマンドを実行することでパッケージディレクトリのひな形が作成されます。今回は「Hello, world!」と出力するプログラムを作っていくので、パッケージ名はhello_worldという名前にしておきましょう。

```
$ cargo new hello_world
```

　~/projects以下にhello_worldというディレクトリが作成され、その中には次のような構造でファイルが配置されます。

Cargo.tomlファイルは、TOMLという形式で書かれたCargoの設定ファイルです。このファイルには、そのパッケージの内容や設定が書かれており、このファイルの存在によってこれがRustのパッケージであることがわかるようになっています。今回、自動作成されたCargo.tomlファイルの中身は次のようになっているはずです。

```
[package]
name = "hello_world"
version = "0.1.0"
edition = "2021"

# See more keys and their definitions at https://doc.rust-lang.org/cargo/
reference/manifest.html

[dependencies]
```

このファイルには追加でパッケージの情報を付与したり、依存関係を記述したり、さまざまなことができますが、今回はこのままにしておきましょう。

次に、src/main.rsを開いてみましょう。先ほど作成したプログラムと同じコードが生成されていることがわかります。

```
fn main() {
    println!("Hello, world!");
}
```

前に作成したプロジェクトとCargoが生成したプロジェクトの違いは、srcディレクトリの中にmain.rsがあることと、最上位のディレクトリにCargo.tomlファイルがあることです。

Cargoを使って実行してみよう

Rustは実行する前にコンパイルする必要があります。すでにコードがあるので、コンパイルやプログラムの実行ができる状態になっています。hello_worldディレクトリに移動して次のコマンドを実行してみてください。

```
$ cargo build
```

次のような出力が得られます。

```
>   Compiling hello_world v0.1.0 (/Users/hige.yy/projects/hello_world)
    Finished dev [unoptimized + debuginfo] target(s) in 3.18s
```

ビルドをすることでコンパイルが実行され、実行可能ファイルがtarget/debug/hello_worldに生成されるため、次のようにしてプログラムを実行することができます。

```
$ target/debug/hello_world
> Hello, world!
```

rustcを使ったときと同様に、「Hello, world!」が出力されていることがわかるでしょう。

cargo build を実行すると、hello_worldディレクトリにCargo.lockというファイルが生成されます。このファイルはプロジェクト内の正確な依存関係を記述しているファイルであり、手動で編集することはありません。Cargoがその内容を管理してくれますので、そのままにしておきましょう。

今回は、ビルドを実行してから実行ファイルを指定してプログラムを実行する、という手順でプログラムを動かしましたが、cargo runを使用すると、これらの手順をまとめて実行してくれます。

```
$ cargo run
>   Finished dev [unoptimized + debuginfo] target(s) in 0.00s
```

2-2 Rustでプログラムを書いてみよう

```
    Running `target/debug/hello_world`
Hello, world!
```

先ほどと同様に「Hello, world!」と出力されることがわかります。

先ほどcargo buildを実行したときと比較して、Compiling...といった出力がないことに気がつくかもしれません。これは、すでに実行可能ファイルが生成されており、Cargoがコードに変更がないことに気づいていたため、コンパイルを実行していないのです。次のようにsrc/main.rsを書き換えてみましょう。

```
fn main() {
    println!("Hello, Rust!");
}
```

「Hello, world!」と出力していたところを「Hello, Rust!」に変更しました。もう一度cargo runを実行すると次のような出力が得られます。

```
$ cargo run
>   Compiling hello_world v0.1.0 (/Users/hige.yy/projects/hello_world)
    Finished dev [unoptimized + debuginfo] target(s) in 0.63s
     Running `target/debug/hello_world`
Hello, Rust!
```

コンパイルを実行したことを示す出力があり、実行後の出力が「Hello, Rust!」に変わっていることがわかります。

ここまで、cargo runとcargo buildを使ってコンパイルをしてきましたが、とくに何もオプションを指定していない場合、開発向けの設定でコンパイルが実行されるため、最適化が行われず、デバッグに役立つ情報が多数含まれた実行可能ファイルが生成されます。

開発が終了し、リリースを行う場合には、コンパイル時に最適化を行う設定でコンパイルしましょう。次のように **--release** オプションをつけることで実行可能です。

```
$ cargo build --release
>   Compiling hello_world v0.1.0 (/Users/hige.yy/projects/hello_world)
    Finished release [optimized] target(s) in 2.82s
```

　実行可能ファイルは、開発用の設定でのコンパイル時にはtarget/debugに生成されましたが、リリース用の設定でのコンパイル時にはtarget/releaseに生成されます。

　開発用の設定を用いていたときに比べ、最適化が行われているため実行速度が速くなります。

rustfmtとclippyを使ってみよう

　2-1でRustの開発に利用するツールがインストールされることを紹介しましたが、Cargoを使うとこれらのツールを実行できます。どのファイルに対して実行するかはCargoが判断してくれるので、簡単なコマンドでこれらのツールを使うことができます。

　まずはclippyから試してみましょう。src/main.rsを次のように書き換えます。これは「Hello, Rust!」の出力の後に空白行を出力し、最後に「Hello, Cargo!」と出力するようにしたものです。

```
fn main() {
    println!("Hello, Rust!");
    print!("\n");
    println!("Hello, Cargo!");
}
```

2-2　Rustでプログラムを書いてみよう　　　045

一度cargo runで実行してみましょう。

```
$ cargo run
>    Compiling hello_world v0.1.0 (/Users/hige.yy/projects/hello_world)
     Finished dev [unoptimized + debuginfo] target(s) in 0.07s
      Running `target/debug/hello_world`
Hello, Rust!

Hello, Cargo!
```

今回はコードを書き換えたのでコンパイルが実行され、新しい出力が得られたことがわかります。「Hello, Rust!」の次に空白行が入り、次に「Hello, Cargo!」が出力されています。次のコマンドでclippyを実行してみましょう。

```
$ cargo clippy
```

次のような出力が得られるはずです。

```
warning: using `print!()` with a format string that ends in a single
newline
 --> src/main.rs:3:5
  |
3 |     print!("\n");
  |     ^^^^^^^^^^^^
  |
  = help: for further information visit https://rust-lang.github.io/
rust-clippy/master/index.html#print_with_newline
  = note: `#[warn(clippy::print_with_newline)]` on by default
help: use `println!` instead
  |
3 -     print!("\n");
3 +     println!();
```

046　　　　　第2章　Rustのプログラムを動かせるようになろう［Hello, world!］

```
    |

warning: `hello_world` (bin "hello_world") generated 1 warning (run
`cargo clippy --fix --bin "hello_world"` to apply 1 suggestion)
    Finished dev [unoptimized + debuginfo] target(s) in 0.02s
```

clippyが警告を出してくれていることがわかります。

print!("\n");ではなくprintln!();が推奨されているようです。次のコマンドを実行することで、clippyに推奨されている書き方に自動で書き換えてもらうことができます。

```
$ cargo clippy --fix --allow-dirty
```

実行できたら、src/main.rsを開いてみてください。上記の指摘のとおりに推奨された書き方に書き換わっていることがわかります。

```
fn main() {
    println!("Hello, Rust!");
    println!();
    println!("Hello, Cargo!");
}
```

次に、rustfmtを使ってみましょう。またsrc/main.rsを開き、次のように改行を追加し、インデントを変えてみましょう。

```
fn main() {

    println!("Hello, Rust!");
    println!();
    println!("Hello, Cargo!");
}
```

2-2 Rustでプログラムを書いてみよう

rustfmtは次のコマンドで実行可能です。

```
$ cargo fmt
```

実行できたら、src/main.rsを開いてみましょう。先ほど加えた改行がなくなり、インデントも揃っています。

```
fn main() {
    println!("Hello, Rust!");
    println!();
    println!("Hello, Cargo!");
}
```

ここまでのまとめ

- rustc コマンドを使ってコンパイルができる
- cargo new コマンドを使ってパッケージを作ることができる
- cargo build コマンドを使ってビルドができる
- cargo run コマンドを使ってプログラムを動かすことができる

SECTION 2-3 開発環境を整えよう

2-1、2-2を通して、Rustを使ってプログラムを書けるようになりました。ここからは、より快適にRustを使うための環境を整えていきましょう。

Visual Studio Codeをもっと便利にしてみよう

rust-analyzerを使ってみよう

VS Codeは拡張機能により、あとからさまざまな機能を追加することができます。rust-analyzerをインストールすることで、入力補完や文法ミスのチェックなどを自動で行ってくれるようになります。

左端に並んでいるアイコンからExtensionsを選択し、上部の検索用テキストボックスにrust-analyzerと入力してください。rust-analyzer の拡張機能が表示されるので追加してください。追加できたら、もう一度先ほどのsrc/main.rsを開いてみましょう。

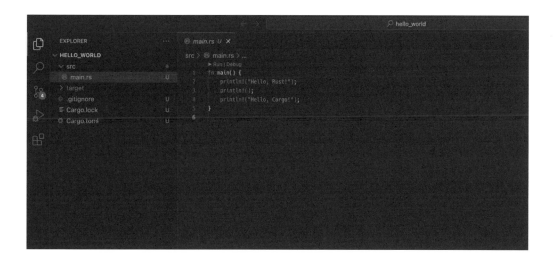

fn main() { の上に Run | Debug が表示されているのがわかります。Run を押すと、次のようにこの main 関数が実行されます。これも rust-analyzer の機能の一つです。

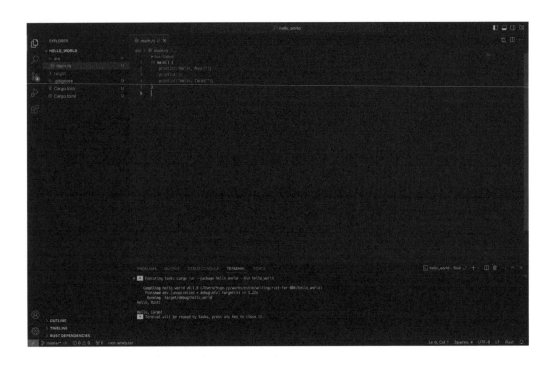

rust-analyzer を使うことでプログラムを実行したり、文法や型を自動でチェックしたりできるため、快適に Rust でプログラミングできるようになります。

rustfmt, clippyを設定しよう

rustfmt や clippy を自動で適用するように設定してみましょう。

まず、設定を保存するために .vscode/settings.json というファイルを作りましょう。そして、中身に次の記述を入れます。これは、Rust を書いているときにファイルを保存すると、自動的にファイルをフォーマットする設定と、そのフォーマットには rust-analyzer を使うようにする設定です。

```
{
    "[rust]": {
        "editor.defaultFormatter": "rust-lang.rust-analyzer",
        "editor.formatOnSave": true
    }
}
```

このファイルを保存して、main.rsに不必要な改行を追加してファイルを保存すると、改行が消えるのを確認できます。こうして、保存時に自動でフォーマットしてくれることによって、エディタの横幅に収まらないような長い行があった場合に、適度な長さで自動的に改行してくれたり、連続した改行があった際に自動で1つに減らしてくれたりと、複数人で同じコードを編集する作業をしていても、自動で統一感が担保されます。

次に、clippyを自動で実行する設定を行います。defaultの状態では、ファイルを保存したタイミングでcargo checkというコマンドが実行されるようになっており、コンパイルが通るかどうかのチェックを実行してくれるようになっています。保存時に実行されるコマンドをclippyにすることで、Rustが推奨する書き方を追加で教えてくれます。

先ほど作った.vscode/settings.jsonを次のように書き換えましょう。ここでは、ファイルの保存時にcheckを実行し、checkの実行時にclippyを実行するという設定を行っています。

```
{
    "[rust]": {
        "editor.defaultFormatter": "rust-lang.rust-analyzer",
        "editor.formatOnSave": true,
    },
    "rust-analyzer.checkOnSave": true,
    "rust-analyzer.check.command": "clippy",
}
```

この設定ファイルを保存したら、再度src/main.rsを開き、先ほどと同様にclippyに指摘されるように変更して保存します。すると、次のようにclippyが波線でよりよい書き方ができる場所を教えてくれます。マウスカーソルをホバーすることでより詳細な情報が手に入ります。

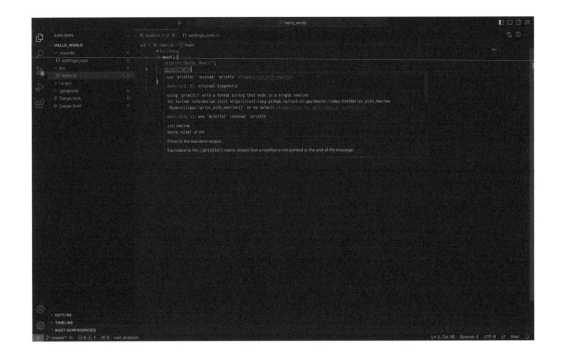

まとめ

これから、読者のみなさんはたくさんのRustのコードを書き、Rustを学んでいくことになると思います。Rustを書き始めて間もないころは、どのような書き方が標準的なのか？　どのように書くとコンパイルが通るのか？　と、新しいことにチャレンジするたびにつまずくこともあるでしょう。今回紹介した開発環境を使うことで、リアルタイムに文法ミスや良くない書き方を指摘してくれるので、これらを参考にしつつ書いていくうちにだんだんとRustに慣れることができます。

初めは英語のメッセージがたくさん出てきて戸惑うかもしれませんが、少しずつこれらのメッセージも意味が理解できるようになります。親切なコンパイラやclippyも頼りにしつつ、Rustを学んでいきましょう！

第 **3** 章

インタラクティブなプログラムを
作れるようになろう
［ 計算クイズ ］

前章で、Hello, world! を出力するプログラムを Rust で書き、実行
できるようになりました。プログラム内で println! で指定した内容が
実行したターミナルに出力されますが、このままではこのプログラム
は Hello, world! と固定の結果を表示する以外のことはできません。

Hello, world! は実際に実行環境でプログラムが動いているかを確認
することが目的のプログラムです。人が実際に利用するアプリケー
ションプログラムではユーザーの入力に応じて次の処理を切り替え
たり、プログラムを停止したりするなど実行中のプログラムとのイ
ンタラクションを行いたくなることがあります。

本章では計算クイズを作りながら、プログラミングの基礎概念や入
出力をプログラムで扱う方法を説明します。

第3章
Flow Chart

計算クイズができるまで

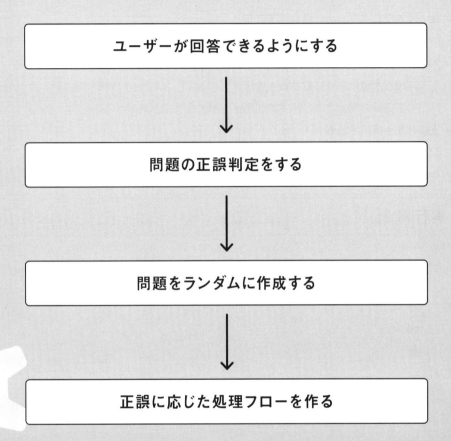

SECTION 3-1 アプリケーションの仕様

本章で作るプログラムの仕様を以下に示します。

- 2項からなる加減算のクイズが出題され、ユーザーはクイズの計算結果を入力する
  - 現れる値はすべて整数とする
  - 不正解の場合は同じ形式の問題が正解するまで出題される
- 正誤判定が表示される
- 3問正解したら終了

実行例

```
$ cargo run

69 - 66 = ??
?? の値を入力して下さい:
3
正解!


33 + 91 = ??
?? の値を入力して下さい:
124
正解!


75 + 81 = ??
?? の値を入力して下さい:
175
不正解!
```

```
82 + 12 = ??
?? の値を入力して下さい:
94
正解!

クリア!
```

SECTION 3-2 事前準備

計算クイズプログラムを作る前に、プログラムの作成に必要になる基礎的な概念を説明します。

コード内コメント

ソースコードには、実際にプログラミング言語の処理としての命令のほかに、処理には影響しない**コメント**を書くことができます。Rustでは次の2パターンのコメントを書くことができます。

```
// スラッシュ2つから始まる行はプログラムとしては無視される

println!("Hello, world!"); // 処理が書かれた行のあとにスラッシュが2つある場合も
                           // 行末までに書かれているコメントは無視される

/*
複数行にわたる
コメントを書きたい場合は /* ~ */ で囲む
*/
```

本書でのコード例においても、このコード内コメントの記法で注釈をつけていきます。

値とデータ型

プログラムではさまざまなデータを扱います。プログラム内の処理対象となるデータのことを**値**といいます。

データはメモリ上では0と1の並び（ビット列）で表現され、0か1のどちらかの値を取りうる最小の単位をビット（bit）といいます。我々が普段利用している0〜9の組み合わせで数値を表現する10進数に対して、このような数値表現法を2進数といいます。ところが、すべての数値を2進数で表していると、桁数が大きくなり扱いにくくなります。そこで、コンピュータでデータを扱う際は通常、8ビットをひとまとめにしたバイト（byte）という単位で扱います。

コンピュータがプログラムを処理するときには、数値に限らずあらゆる種類のデータがバイト列として扱われます。例えば、アルファベットの a を1バイトで表すと 10100001 となります。

一方で、人間が0と1だけでデータを扱うのは現実的ではありません。また、あらゆるデータがビット列として扱われるとはいえ、データの種類によってそのデータに対して行いたい・行っていい操作が異なってくるため、プログラムではデータの種類も一緒に管理したいです。このデータの種類のことをデータ型といい、代表的なものには整数型や文字列型などがあります。

Rust をはじめとするプログラミング言語では、**リテラル**と呼ばれるデータを表現する書式が用意されており、それぞれデータ型に応じて数値リテラルや文字列リテラルなどがあります。次の表記がソースコードに現れた場合、すべてデータ型が異なります。

```
1     // 整数型
1.0   // 浮動小数点数型
'1'   // 文字型
"1"   // 文字列型
```

値にはリテラル以外にも、後述する式が評価された結果が来ることもあります。

代表的な型を次の表に示します。

	型	値の例	補足
整数型 (integer)	i32	● 1 ● -2 ● 4_i32	負の整数を含む（signed integer） ほかにも i8, i16, i64, isize などメモリのサイズに応じた バリエーションがある
	u32	● 1 ● 4_u16	0以上の整数のみ（unsigned integer） ほかにも u8, u16, u64, usize などメモリのサイズに応 じたバリエーションがある
浮動小数点数型 (float)	f32	● 1.2 ● 0.48_f32	単精度の f32 に対して倍精度の f64(double) がある
文字型 (character)	char	● 'a' ● '0'	リテラルはシングルクオーテーション(')で囲う
真偽値型 (boolean)	bool	● true ● false	2値のみ

ほかにも型はまだまだありますが、列挙型（enum）や構造体（struct）は第4章で、Option
型は本章の末尾で説明します。ここでは、本章で扱うクイズの問題と回答で利用する文字列型に
ついて見ていきます。

表にも載せたように char という1文字を表す型があり、その文字を表すリテラルはシングル
クオーテーション(')で囲む必要がありました。Rustでは char 型と文字列を表す文字列型を区
別しています。文字列リテラルはダブルクオーテーション(")で囲うことで表現します。

```
let char_a = 'a'; // char型
let str_a = "a"; // &str型

let string_b = "b".to_string(); // String型
let b_a = string_b + str_a; // String型
println!("{}", b_a); // => "ba"
```

3-2 事前準備　　　059

Rustで文字列を表す型はいくつかあり、そのうちよく登場するのは &str 型と String 型です。
これらの型の違いは第5章で詳しく説明しますので、今の段階では文字列を表す型には何種類か
あるということを覚えていれば十分です。

変数

　値は let キーワードを用いて **let 変数名 = 値;** と記述することで、左辺の識別子を変数名とし
て宣言し、右辺の値に束縛することができます。次の例だと one という識別子が変数名です。
以降、変数名でその値を参照することができるようになります。

　dbg!(変数名); とすることで、プログラムを実行すると変数の値が出力されます。

　実際に仕事で書く完成品のコードで使われることはほとんどない書き方ですが、開発中に実行
して値を確認するのにはとても便利です。本章では短いコードサンプルで関心のある変数の値を
示すために使用します。

　次の例では、3行目で変数 one の値が 1 であることを確認しています。

```
let one = 1;

dbg!(one); // => 1
```

　変数の宣言と値の束縛のタイミングは次のように分けることもできます。次の例でも dbg の
タイミングでは one の値が 1 になります。

```
let one;
one = 1;

dbg!(one); // => 1
```

変数は宣言時にメモリ上に領域が確保され、呼び出すことができるようになります。変数を呼び出すことができる期間は定まっており、これを**変数のスコープ**と言います。スコープは変数がlet キーワードで宣言されてから宣言されたブロック（{ } で囲まれる範囲）を出るまでになっています。

そのため、次の例の2カ所での変数の参照は結果が異なります。

```
fn main() {
    {
        let one = 1;
        dbg!(one); // => 1
    } // ここで変数 one のスコープは終わっている

    dbg!(one); // => エラーになりコンパイルできない
               // (cannot find value `one` in this scope)
}
```

上記の例ではシンプルなブロック（{}）を用いましたが、ほかにも本章で紹介する制御構文や第5章で説明する関数など、ブロックを持つ構文はいくつか存在します。ブロック（{}）をコード上で見かけたら変数のスコープを意識するようにしてください。

式と文

変数の宣言・束縛はいずれも**文**であり、結果を返さない処理単位です。

文とは逆に、評価されると結果を返す処理単位として**式**があります。例えば 1 + 2、1、"Hello World" が式です。

次のようなコードで変数を定義すると、変数six は右辺の式（**three * 2**）の計算結果の 6 に束縛されます。

3-2 事前準備 061

```
let three = 1 + 2;
let six = three * 2;

dbg!(three); // => 3
dbg!(six); // => 6
```

この例では数式として 1 + (2 * 2) ではなく (1 + 2) * 2 の順で、式 three * 2 の中でも部分式 three(1+2) が先に評価されていることがわかります。演算子（この例における + や *）の種類は本章で出てくる算術演算子や条件演算子以外にもあるので、ぜひ公式ドキュメント[1] などで調べてみてください。

Rust の制御構文の多くは評価されると最終的に値を返すので、Rust は式指向言語と言われています。今後さまざまな制御構文が出てきますが最終的にどんな値を返すのか意識してコードを読むことをおすすめします。

不変性と可変性

Rust では変数はデフォルトで**不変**となっており、1つの変数に再代入を行うことはできません。

```
let one = 1;
one = one * 2; // 再代入できない

// 次のようなコンパイルエラーになります
cannot mutate immutable variable `one`rust-analyzer(E0384)
```

一方で次のように、同名の変数を改めて定義することはできます。これを**シャドーイング**と言います。

```
let one = 1;
let one = "1";
```

※1　https://doc.rust-jp.rs/book-ja/appendix-02-operators.html

シャドーイング後の変数は、シャドーイング前の変数とまったく関係のない別の変数です。そのため、上記の例で整数型から文字列型へ変えているように、シャドーイング前と異なる型の値に束縛することも可能です。なお、シャドーイングすると、シャドーイング前の値にアクセスすることはできなくなります。

　変数は状態を持たない（＝不変である）ほうがコードを書く人にとっても、コードを処理する処理系にとってもシンプルに扱えます。そのため、Rust の変数はそのままだと不変変数として定義されるのですが、mut 修飾子をつけることで可変にすることができます。

```
let mut one = 1;
one = one * 2;

dbg!(one); // => 1ではなく2が出力される
```

　本章で作るアプリケーションでは、クイズの正答数の状態管理やユーザーからの回答の保持に可変な変数を利用します。

SECTION 3-3　クイズの正誤判定をしよう

プロジェクトの作成

　第2章で Rust の環境構築ができたので、まずターミナルを開き cargo コマンドでプロジェクトを作成しましょう。

```
$ cargo new arithmetic-operations-quiz
```

作成後、次のようなディレクトリおよびファイルが作成されているか確認しましょう。

```
$ tree arithmetic-operations-quiz
arithmetic-operations-quiz
├── Cargo.toml
└── src
    └── main.rs
```

次に作成したプロジェクトに移動しましょう。

```
$ cd arithmetic-operations-quiz
```

次のコマンドを実行し、表示されることを確認しましょう。

```
$ cargo run
Hello, world!
```

ここまでは第2章のおさらいです。

ユーザーの入力を受け取る

　第2章で Hello, world! を出力したときと同様に、問題文のターミナルへの出力・表示には **println!() マクロ** を使用します。マクロの詳細な説明は、後の章で説明する関数やトレイトを含め、発展的な内容を多く含むため本書では立ち入りません。ここでは、次のサンプルコードのように書くと実行するターミナルに文字列や変数が出力できる便利なツールだと思っていただければ大丈夫です。

```
fn main() {
    println!("1 + 1 = ??");
    println!("?? の値を入力して下さい:");
    let mut ans_input = String::new(); // ユーザーからの回答を保持する変数
    // 標準入力から1行取得し、ans_input に代入する
    std::io::stdin().read_line(&mut ans_input).unwrap();
    dbg!(ans_input); // => 実行後にキーボードで入力した値が確認できる
}
```

　上記のように arithmetic-operations-quiz/src/main.rsのファイルを書き換えて、第2章で学んだように VS Code 上の Run から実行すると、次のような出力がターミナルにされて、プログラムが止まったように見えます。

```
Executing task: cargo run --package arithmetic-operations-quiz --bin
arithmetic-operations-quiz

    Finished dev [unoptimized + debuginfo] target(s) in 0.04s
     Running `target/debug/arithmetic-operations-quiz`
1 + 1 = ??
?? の値を入力して下さい:
// <= カーソルがここにある
```

　これは std::io::stdin().read_line(&mut ans_input).unwrap();の処理でユーザーからの入力を待ち受けている状態です。ターミナルにカーソルを合わせて 3 と入力し Enter を押すと次のように出力されます。

```
1 + 1 = ??
?? の値を入力して下さい:
3
[chapter3/a/src/main.rs:6] ans_input = "3\n"
```

　これでユーザーのキーボード入力がプログラムから受け取れるようになりました。

3-3　クイズの正誤判定をしよう　　　065

一般的にプログラムは「入力」→「処理」→「出力」で構成されています。入力や出力はない こともあれば、特定のファイルの場合もあります。今回のように、とくに指定がない場合の入力 はターミナルへのキーボード入力になっており、これを**標準入力**と言います。同様に、問題（?? の値を入力して下さい:）が表示されているのは**標準出力**です。

　println!は標準出力に値を出力するマクロだったということです。出力には標準で用意されて いる経路が2つあり、標準出力のほかに、**標準エラー出力**があります。 dbg! の出力先は標準エ ラー出力になっており、ターミナルには標準出力と標準エラー出力が交ざって表示されています。

COLUMN　これがしたいと思ったら？

　Rust は公式ドキュメントをはじめ、開発者およびユーザーのコミュニティが活発です。

　今回の場合は Google で **標準入力 site:https://doc.rust-lang.org** と検索し、上記のキーボード 入力を1行受け付けるコードサンプルが書かれている stdin 関数のページにたどり着けました。

　stdin 関数のページ：https://doc.rust-lang.org/std/io/fn.stdin.html

　本書を通読し、太字になっているキーワードを覚えていれば、何かやりたいと思ったときに調べる 検索ワードがあなたの脳に蓄積されているはずです。

　やってみたいことが思いついたらぜひ、以下のサイトを中心に調べてみてください！

・https://www.rust-lang.org/ja/
・https://doc.rust-jp.rs 各種日本語のドキュメントへのインデックスページ

加算の問題を作る ~ if 式~

前項でユーザーのクイズへの回答を受け取れるようになりました。今節ではユーザーがクイズに正解していたら「正解!」、間違っていたら「不正解!」と正誤判定をできるようにします。

ここでは 処理を分岐する制御フローとして if式 を導入します。if 式の書式を次に示します。

```
if 条件式 {
    // 条件式が true の場合の処理
} else {
    // 条件式が false の場合の処理
}
```

条件式は bool 型である必要があります。bool 型は true/false の 2 つの値のみからなる型です。
前項の時点で書いたコードでは問題文は 1 + 1 なので、これと変数 ans_input が等しいかを比較するために == 演算子を使います。ところが **can't compare `String` with `{integer}`** というエラーが出ています。

```
let mut ans_input = String::new();
std::io::stdin().read_line(&mut ans_input).unwrap();
if ans_input == 1 + 1 { // この部分がエラーになる
    println!("正解!");
} else {
    println!("不正解!");
}
```

これは String（文字列）型である **ans_input** と integer（整数）型の比較を行おうとしている、というエラーです。先ほどの ans_input の値を確認すると **ans_input = "3\n"** と 3 という文字と **\n**（これは改行のしるしです）で 1 行の入力を **ans_input** が持っていることがわかります。

次のようにユーザーの入力を整数として扱えるように書き換えます。

3-3 クイズの正誤判定をしよう　　067

```rust
fn main() {
    println!("1 + 1 = ??");
    println!("?? の値を入力して下さい:");

    // ユーザーからの回答を保持する変数
    let mut ans_input = String::new();

    // 標準入力から一行取得し ans_input に代入する
    std::io::stdin().read_line(&mut ans_input).unwrap();

    // ans_input からtrim()で改行を取り除きparse()で整数(u32)型に変換する
    let ans_input = ans_input.trim().parse::<u32>().unwrap();

    dbg!(ans_input); // => cargo run した後に入力した値が確認できる
    if dbg!(ans_input == 1 + 1) {
        println!("正解!");
    } else {
        println!("不正解!");
    }
}
```

また、if 式の条件式の部分も dbg! を利用することで条件式がどう評価されたかも出力で確認できます。

正解になる場合と不正解になる場合で、入力を変えながら実行してみましょう。

```
1 + 1 = ??
?? の値を入力して下さい:
2
[chapter3/arithmetic-operations-quiz/src/main.rs:7] ans_input = 2
[chapter3/arithmetic-operations-quiz/src/main.rs:8] ans_input == 1 + 1 =
true
```

```
正解!
```

```
1 + 1 = ??
?? の値を入力して下さい:
11
[chapter3/arithmetic-operations-quiz/src/main.rs:7] ans_input = 11
[chapter3/arithmetic-operations-quiz/src/main.rs:8] ans_input == 1 + 1 =
false
不正解!
```

これで、1 + 1に対する回答の正誤に応じて処理が分岐していることが確認できました。

減算の問題を作る ~ unsigned / signed ~

今度は問題を加算だけではなく減算もできるようにしてみましょう。先ほどの加算のコードの部分を丸々コピーして、次の ここを変更 とコメントしている問題文と正誤判定の2カ所を足し算から引き算に書き換えたらできそうです。

```rust
fn main() {
    println!("1 + 1 = ??");
    println!("?? の値を入力して下さい:");
    let mut ans_input = String::new();
    std::io::stdin().read_line(&mut ans_input).unwrap();
    let ans_input = ans_input.trim().parse::<u32>().unwrap();
    dbg!(ans_input);
    if dbg!(ans_input == 1 + 1) {
        println!("正解!");
    } else {
        println!("不正解!");
    }
    println!("1 - 4 = ??"); // ここを変更
```

3-3 クイズの正誤判定をしよう

```
    println!("?? の値を入力して下さい:");

    let mut ans_input = String::new();

    std::io::stdin().read_line(&mut ans_input).unwrap();

    let ans_input = ans_input.trim().parse::<u32>().unwrap();

    dbg!(ans_input);

    if dbg!(ans_input == 1 - 4) { // ここを変更

        println!("正解!");

    } else {

        println!("不正解!");

    }

}
```

実行しようとするとターミナルに次のようなエラーが出ます。

```
error: this arithmetic operation will overflow

if dbg!(ans_input == 1 - 4) {
|                    ^^^^^ attempt to compute `1_u32 - 4_u32`, which
would overflow
```

落ち着いてエラーメッセージを読んでみましょう。計算をするとオーバーフローすると言われ
ています。

整数型は前節で説明したメモリ領域をどの程度使うか（8, 16, 32, 64 bit）と、そのbit列で負
の数も表現するかの軸で次の表のようなパターンに細分化されています。

大きさ	符号付き	符号なし
8 bit	i8	u8
16 bit	i16	u16
32 bit	i32	u32
64 bit	i64	u64
アーキテクチャ依存	isize	usize

先ほどのエラーはユーザーから入力される値を u32、つまり正の整数のみを受け取る unsigned（符号なし）整数を想定していましたが、**1_u32 - 4_u32** と計算結果が負になる演算を行おうとしてしまったためエラーになっていました。

今回はアプリケーションの仕様としては正の数に限らない整数も扱いたいので、プログラム内で扱うデータ型を u32 から i32 に変更することで負の数も扱えるようにしましょう。

```rust
fn main() {
    println!("1 + 1 = ??");
    println!("?? の値を入力して下さい:");
    let mut ans_input = String::new(); // ユーザーからの回答を保持する変数
    std::io::stdin().read_line(&mut ans_input).unwrap();
    let ans_input = ans_input.trim().parse::<i32>().unwrap();
    dbg!(ans_input);
    if dbg!(ans_input == 1 + 1) {
        println!("正解!");
    } else {
        println!("不正解!");
    }
    println!("1 - 4 = ??");
    println!("?? の値を入力して下さい:");
    let mut ans_input = String::new(); // ユーザーからの回答を保持する変数
    std::io::stdin().read_line(&mut ans_input).unwrap();
    let ans_input = ans_input.trim().parse::<i32>().unwrap();
    dbg!(ans_input);
    if dbg!(ans_input == 1 - 4) {
        println!("正解!");
    } else {
        println!("不正解!");
    }
    println!("i32 が扱えるデータ範囲: {} ~ {}", i32::MIN, i32::MAX);
    println!("u32 が扱えるデータ範囲: {} ~ {}", u32::MIN, u32::MAX);
}
```

このように書き換えることで、次の実行結果のように、それぞれの整数型が扱えるデータの範囲は u32::MAX や u32:MIN から確認できます。

```
1 + 1 = ??
?? の値を入力して下さい:
2
[chapter3/arithmetic-operations-quiz/src/main.rs:7] ans_input = 2
[chapter3/arithmetic-operations-quiz/src/main.rs:8] ans_input == 1 + 1 =
true
正解!
1 - 4 = ??
?? の値を入力して下さい:
-3
[chapter3/arithmetic-operations-quiz/src/main.rs:18] ans_input = -3
[chapter3/arithmetic-operations-quiz/src/main.rs:19] ans_input == 1 - 4 =
true
正解!
i32 が扱えるデータ範囲: -2147483648 ~ 2147483647
u32 が扱えるデータ範囲: 0 ~ 4294967295
```

COLUMN　まだあるオーバーフロー

　先ほどは正負の境界を跨ぐ場合のオーバーフローを考えましたが、数値演算を考えるとオーバーフローが起こるシーンはほかにもあります。

　Rust ではオーバーフローした際にどのように扱いたいか、プログラマの要望に応じて扱えるようなメソッドが用意されています。本章では書いたプログラムが実際に動くことを感じてもらうために、このプログラムがオーバーフローするような場合の詳細な仕様を考えませんでしたが、「どういう場合にオーバーフローが起きるのか?」「オーバーフローが起きたときにどのように扱いたいのか?」などぜひ考えてみてください。

　参考：https://doc.rust-lang.org/book/ch03-02-data-types.html#integer-overflow

問題をランダムで生成する

　前項までで、加減算ともに正負の整数で扱えるようになりました。一方で、このまま問題が固定だとユーザーはクイズにすぐ飽きてしまうので、実行するたびに問題がランダムに変わるようにしてみましょう。

　ここでは、乱数の生成に rand crate を利用します。crateについては第7章で詳細に解説します。ここでは、高性能なライブラリを簡単に利用できることを体験していただければ十分です。

　project で利用する crate を追加するには cargo add コマンドを使用します。

```
$ cargo add rand
```

　上記をターミナルで実行すると、Cargo.toml ファイルに利用する rand crate の依存が追加されていることが確認できます。

```
...
[dependencies]
rand = "0.8.5"
...
```

　これで rand crate が用意している関数をプログラムから利用できるようになりました。**rand::thread_rng().gen_range(0..100)** と呼び出すことで 0 〜 99 の範囲に含まれる整数をランダムに生成しています。

　前節までのコードから問題の出力部分と正誤判定の部分を rand crate を利用した乱数を受け取った変数に置き換えます。

```
use rand::Rng; // これを追加


fn main() {
```

3-3　クイズの正誤判定をしよう　　　073

```rust
    let op1 = rand::thread_rng().gen_range(0..100); // ここを変更
    let op2 = rand::thread_rng().gen_range(0..100); // ここを変更
    println!("{} + {} = ??", op1, op2); // ここを変更
    println!("?? の値を入力して下さい:");
    let mut ans_input = String::new();
    std::io::stdin().read_line(&mut ans_input).unwrap();
    let ans_input = ans_input.trim().parse::<i32>().unwrap();
    dbg!(ans_input);
    if dbg!(ans_input == op1 + op2) { // ここを変更
        println!("正解!");
    } else {
        println!("不正解!");
    }
    let op1 = rand::thread_rng().gen_range(0..100); // ここを変更
    let op2 = rand::thread_rng().gen_range(0..100); // ここを変更
    println!("{} - {} = ??", op1, op2); // ここを変更
    println!("?? の値を入力して下さい:");
    let mut ans_input = String::new();
    std::io::stdin().read_line(&mut ans_input).unwrap();
    let ans_input = ans_input.trim().parse::<i32>().unwrap();
    dbg!(ans_input); // => cargo run した後に入力した値が確認できる
    if dbg!(ans_input == op1 - op2) { // ここを変更
        println!("正解!");
    } else {
        println!("不正解!");
    }
}
```

これを2回実行すると次のような出力になります。

```
// 1回目
94 + 59 = ??
```

```
?? の値を入力して下さい:
153
[chapter3/arithmetic-operations-quiz/src/main.rs:11] ans_input = 153
[chapter3/arithmetic-operations-quiz/src/main.rs:12] ans_input == op1 +
op2 = true
正解!
65 - 81 = ??
?? の値を入力して下さい:
29
[chapter3/arithmetic-operations-quiz/src/main.rs:24] ans_input = 29
[chapter3/arithmetic-operations-quiz/src/main.rs:25] ans_input == op1
- op2 = false
不正解!

// 2回目
23 + 44 = ??
?? の値を入力して下さい:
67
[chapter3/arithmetic-operations-quiz/src/main.rs:11] ans_input = 67
[chapter3/arithmetic-operations-quiz/src/main.rs:12] ans_input == op1 +
op2 = true
正解!
67 - 7 = ??
?? の値を入力して下さい:
60
[chapter3/arithmetic-operations-quiz/src/main.rs:24] ans_input = 60
[chapter3/arithmetic-operations-quiz/src/main.rs:25] ans_input == op1
- op2 = true
正解!
```

乱数生成の crate を利用するだけの少ない変更で、一気にユーザーが楽しめるものになりました。

crate の仕組みの紹介と、実際に crate を自分で作ってみるのは第 7 章で行います。

SECTION 3-4 さまざまな制御フローを使ってみよう

先ほど if 式で実行が条件式に応じて分岐する制御フローを実装しましたが、ほかにも if 同様の分岐をパターンマッチで実現する match 式、繰り返しを実現する for in / loop / while などの制御構文があります。

終了判定をする ~ for in / while ~

for in は、決まった回数繰り返したり、複数あるデータの一つひとつを取り出して使ったりする制御フローです。書式は次のようになっています。

```
for n in 1..100 {
    // n は1から99まで順に値を取る
}
```

while は条件式が true の間繰り返す制御フローです。次の書式で、条件式の書き方次第で繰り返し回数が調節されます。

```
while 条件式 {
    // 条件式が true の間、繰り返し実行される
}
```

今回は計3問正解したら クリア！と出力するプログラムの終了判定を while を使って書いてみます。

```
use rand::Rng;

fn main() {
```

```rust
let mut num_of_correct = 0; // 正解数を数える変数を追加
while num_of_correct < 3 { // 正解数が3問以下の間は繰り返し
    let op1 = rand::thread_rng().gen_range(0..100);
    let op2 = rand::thread_rng().gen_range(0..100);
    println!("{} + {} = ??", op1, op2);
    println!("?? の値を入力して下さい:");
    let mut ans_input = String::new();
    std::io::stdin().read_line(&mut ans_input).unwrap();
    let ans_input = ans_input.trim().parse::<i32>().unwrap();
    if ans_input == op1 + op2 {
        println!("正解!");
        num_of_correct += 1; // 正解したら正解数を1増やす
        if num_of_correct >= 3 {
            break;
        }; // 3問正解したらループを抜ける
    } else {
        println!("不正解!");
    }
    let op1 = rand::thread_rng().gen_range(0..100);
    let op2 = rand::thread_rng().gen_range(0..100);
    println!("{} - {} = ??", op1, op2);
    println!("?? の値を入力して下さい:");
    let mut ans_input = String::new();
    std::io::stdin().read_line(&mut ans_input).unwrap();
    let ans_input = ans_input.trim().parse::<i32>().unwrap();
    if ans_input == op1 - op2 {
        println!("正解!");
        num_of_correct += 1; // 正解したら正解数を1増やす
    } else {
        println!("不正解!");
    }
}
```

```
    println!("クリア！")
  }
```

このコードでは while ループの一周の間に加算のクイズと減算のクイズの両方の処理をしています。 while の条件式のほかに加算のクイズを正解したあとでも正解数を確認することで、正解数が3問以上だったら break を使い繰り返し処理を抜けています。これをしないと、例えば1問目から3問連続で正解した場合、2回目の while ループの途中で num_of_correct が3になったあとそのまま引き算の出題に進んでしまいます。

クイズの種類を出し分ける ~match~

分岐の match を使って1周のループで1つのクイズしか出ないようにしてみましょう。match は次のような書式で式を評価した値のパターンに応じた制御フローを提供します。

```
match 式 {
    パターン1 => {
        // 式の値がパターン1の場合に実行される処理
    }
    パターン2 => {
        // 式の値がパターン2場合に実行される処理
    }
    _ => {
        // それ以外の場合
    }
}
```

match では式の値に対応するアーム（パターンと処理の組）に漏れがないかコンパイラによってチェックされます。これによりパターンの考慮漏れが検知できるため、match は非常に強力です。 _ は match 内部ではアームが明示されていないすべての場合に該当する特別なパターンを表しています。

```rust
use rand::Rng;

fn main() {
    let mut num_of_correct = 0;
    while num_of_correct < 3 {
        // quiz_mode をランダムに1か2に決める
        let quiz_mode = rand::thread_rng().gen_range(1..=2);
        match quiz_mode {
            1 => { // quiz_mode が1のときは加算クイズ
                let op1 = rand::thread_rng().gen_range(0..100);
                let op2 = rand::thread_rng().gen_range(0..100);
                println!("{} + {} = ??", op1, op2);
                println!("?? の値を入力して下さい:");
                let mut ans_input = String::new();
                std::io::stdin().read_line(&mut ans_input).unwrap();
                let ans_input = ans_input.trim().parse::<i32>().unwrap();
                if ans_input == op1 + op2 {
                    println!("正解!");
                    num_of_correct += 1; // break する必要がなくなった
                } else {
                    println!("不正解!");
                }
            }
            2 => { // quiz_mode が2のときは減算クイズ
                let op1 = rand::thread_rng().gen_range(0..100);
                let op2 = rand::thread_rng().gen_range(0..100);
                println!("{} - {} = ??", op1, op2);
                println!("?? の値を入力して下さい:");
                let mut ans_input = String::new();
                std::io::stdin().read_line(&mut ans_input).unwrap();
                let ans_input = ans_input.trim().parse::<i32>().unwrap();
                if ans_input == op1 - op2 {
```

3-4 さまざまな制御フローを使ってみよう

```
                println!("正解!");
                num_of_correct += 1;
            } else {
                println!("不正解!");
            }
        }
        _ => unreachable!(),
    }
    }
    println!("クリア!")
}
```

　このコードを実行すると次のように加算か減算の問題がランダムに出力されます。while
ループの1周が1問の処理に対応したことで break での分岐が不要になり、while の条件式
（num_of_correct < 3）のみで終了判定ができるようになりました。

```
85 + 45 = ??
?? の値を入力して下さい:
130
正解!
68 + 33 = ??
?? の値を入力して下さい:
101
正解!
50 - 73 = ??
?? の値を入力して下さい:
-23
正解!
クリア!
```

正解するまで問題を出し続ける ~ loop ~

不正解だった場合に、正解するまでは同じ種類のクイズが出るようにします。ここでは無限に繰り返す loop を紹介します。loop の書式を以下に示します。

```
loop {
    // break しない限り無限に繰り返す
}
```

各 **quiz_mode** での処理の block をそれぞれ loop の blockに変更し、正解した場合にのみ break するように修正します。

```rust
use rand::Rng;

fn main() {
    let mut num_of_correct = 0;
    while num_of_correct < 3 {
        let quiz_mode = rand::thread_rng().gen_range(1..=2);
        match quiz_mode {
            1 => loop {
                let op1 = rand::thread_rng().gen_range(0..100);
                let op2 = rand::thread_rng().gen_range(0..100);
                println!("{} + {} = ??", op1, op2);
                println!("?? の値を入力して下さい:");
                let mut ans_input = String::new();
                std::io::stdin().read_line(&mut ans_input).unwrap();
                let ans_input = ans_input.trim().parse::<i32>().unwrap();
                if ans_input == op1 + op2 {
                    println!("正解!");
                    num_of_correct += 1;
                    break;
```

3-4 さまざまな制御フローを使ってみよう　　**081**

```rust
            } else {
                println!("不正解!");
            }
        },
        2 => loop {
            let op1 = rand::thread_rng().gen_range(0..100);
            let op2 = rand::thread_rng().gen_range(0..100);
            println!("{} - {} = ??", op1, op2);
            println!("?? の値を入力して下さい:");
            let mut ans_input = String::new();
            std::io::stdin().read_line(&mut ans_input).unwrap();
            let ans_input = ans_input.trim().parse::<i32>().unwrap();
            if ans_input == op1 - op2 {
                println!("正解!");
                num_of_correct += 1;
                break;
            } else {
                println!("不正解!");
            }
        },
        _ => unreachable!(),
        }
    }
    println!("クリア!")
}
```

ここまでのコードで当初想定していた次の仕様をすべて満たしたプログラムになりました。

- **2項からなる加減算のクイズが出題され、ユーザーはクイズの計算結果を入力する**
    - ・現れる値はすべて整数とする
    - ・不正解の場合は同じ形式の問題が正解するまで出題される
- **正誤判定が表示される**
- **3問正解したら終了**

COLUMN	多重break

　ループが入れ子になっている場合、内側のループだけでなく外側のループからも一気に脱出したくなることがあります。

```
// 例：九九の表の中に 56 が含まれているか調べる
let mut flag = false;
for i in 1..=9 { // 1..9 は 9 を含まないが、 1..=9 は 9 を含む
    for j in 1..=9 {
        if i * j == 56 {
            flag = true;
            // 56 が含まれることがわかったので、外側まで一気に脱出したい
            break;
        }
    }
}
```

　このような場合、ラベルを使うことでどのレベルまで脱出するか指定することができます。

```
let mut flag = false;
'outer: for i in 1..=9 { // 外側のループに 'outer という名前をつけた
    for j in 1..=9 {
        if i * j == 56 {
            flag = true;
            // 'outer の外側に脱出する
            break 'outer;
        }
    }
}
```

3-4　さまざまな制御フローを使ってみよう

COLUMN　Option 型

　Rust には **Option** という型があります。これは「値がないかもしれない」値を表現するために使われます。

　例えば、先ほどのコードでユーザーから受け取った入力の文字列を i32 に変換する処理は、次のように書いていました。

```
let ans_input = ans_input.trim().parse::<i32>().unwrap();
```

　これは、ユーザーからの入力文字列がすべて数字で、かつ、i32 の範囲に収まっていれば、i32 整数となります。しかし、そうでない場合、エラーを出力してプログラムが終了します。

　このような場合、ユーザーからの入力が i32 に変換可能であれば値が入り、i32 に変換可能でなければ値を入れない、という変数を作りたいです。これは、次のようなコードで表現できます。

```
let ans_input = ans_input.trim().parse::<i32>().ok();
```

　このとき ans_input は **Option<i32>** という型になっています。ユーザーからの入力が i32 に変換可能であれば **Some(i32)** となり、変換できなければ **None** が入っています。

　match 文を使うことで、Option から値を取り出すことができます。次のコードに示します。

```
match ans_input {
    Some(ans_input) => {
        println!("{} が入力されました", ans_input);
    }
    None => {
        println!("入力を i32 に変換することができませんでした");
    }
}
```

　Option 型を使うことで、値そのものだけでなく、値の有無を表現できるようになり、1つの変数で表せる内容が広がることでしょう。

COLUMN　null と Option

　多くのプログラミング言語では、値が存在しないことを表現するために null を使用します。言語によって異なりますが、null はどの型の変数にも代入可能です。例えば、**String** 型の変数であっても、その中身が null で値を持っていないことが可能です。そのような言語では、プログラマは常に変数が null かどうかを意識する必要があります。変数の値を参照しようとした際に、中身が null だったためにプログラムが強制終了してしまうというケースは、歴史的にも非常に多く、プログラマにとって悩みの種です。

　Rust では、値が存在しない可能性がある場合には、**Option** 型を使用する必要があります。逆に、**Option** 型でない場合は必ず値が存在します。これらはコンパイラによって機械的に処理されるため、プログラマが変数に値があるかどうかを意識する必要はありません。このように、null の存在をプログラマが気にしなくて済むことが、Rust の安全性を高めている要因の一つです。

まとめ

駆け足でしたが、Rust でプログラミングの基礎概念を学びながらコマンドラインアプリケーションを作れるようになりました。入出力を扱い、プログラムの基本となる分岐・繰り返しの制御構文についても使えるようになりました。本章のアプリケーションのようにいくつもの仕様があっても、実装するときは小さい変更をステップバイステップで進めていくことで、最終的に全体を実装できます。

本章では、以下のステップに分け、それぞれに必要な知識を身につけ実装を進めました。

- **ユーザーが回答できるようにする**
- **問題の正誤判定をする**
- **問題をランダムに作成する**
- **正誤に応じた処理フローを作る**

今後作りたいものが複雑そうに思えたときも、それを構成する小さいステップは何かをぜひ考えてみてください。

第 4 章

さまざまなデータ構造を
扱えるようになろう
［ ポーカーゲーム ］

本章では、前章で学んだコマンドラインで実行できるアプリケーションを踏まえて、保守性を上げるために構造体やコレクションの使い方を身につけます。

第4章 Flow Chart

ポーカーゲームができるまで

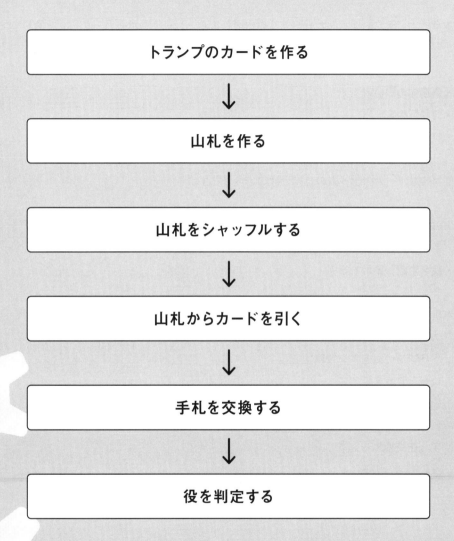

SECTION 4-1 アプリケーションの仕様

　本章では、簡易的なポーカーゲームを作成してみましょう。ポーカーゲームを通じて、次のことを学習します。

- 構造体の扱い方
- 列挙型の扱い方
- コレクション（Vec）の扱い方

簡易的なポーカーゲームの仕様は次のとおりです。

- 山札から5枚のカードを引く
- 手札を好きな枚数交換する
- 役を判定し表示する

本章では以下の手順でポーカーゲームを作成します。

1. トランプのカードを定義する
2. 山札を作成する
3. 山札をシャッフルする
4. 山札からカードを引く
5. 手札を交換する
6. 役の判定をする

実行例

```
$ cargo run
---Hand---
1: Spade 2
2: Club 6
3: Club 7
4: Club 9
5: Spade 12
入れ替えたいカードの番号を入力してください(例: 1 2 3)
1 2 3
---Hand---
Club 1
Heart 3
Diamond 5
Club 9
Spade 12
役なし...
```

SECTION 4-2 プロジェクトを作ろう

まず、ターミナルを開きcargoコマンドでプロジェクトを作成しましょう。

```
$ cargo new simple-poker
```

このコマンドの実行後、次のようなディレクトリおよびファイルが作成されていることを確認しましょう。

```
$ tree simple-poker
simple-poker
├── Cargo.toml
└── src
    └── main.rs
```

次に作成したプロジェクトに移動しましょう。

```
$ cd simple-poker
```

次のコードを実行して、Hello, world! が表示されることを確認しましょう。

```
$ cargo run
Hello, world!
```

SECTION 4-3 トランプのカードを定義しよう

トランプのカードをイメージしてください。

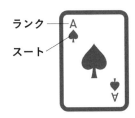

トランプのカードには数字と記号があります。数字のことを「ランク」、記号のことを「スート」と呼びます。

これらをRust上で表現してみましょう。

```
// 列挙型
enum Suit {
    Club,
    Diamond,
    Heart,
    Spade,
}

// 構造体
struct Card {
    // 上で定義した列挙型を使用
    suit: Suit,
    rank: i32,
}
```

列挙型とは、あらかじめ定義された値のみを取りうる型です。今回の例だと「Club」「Diamond」「Heart」「Spade」のみ取ることができます。

列挙型には、あらかじめ定義された値しか入りません。そのため、列挙型を使うことで、未定義で意図しないデータの混入を防ぐことができるほか、取りうる値の種類が明確になることでチーム開発での保守性が高まります。

構造体とは、複数の変数をまとめて管理することができるデータ構造です。今回の例だと、「ランク」と「スート」をまとめて管理することで1つのカードを表現します。

構造体を使うことで、今回の例のように現実世界にある「モノ」をわかりやすく定義することができます。

COLUMN　保守性とは

既存のコードに機能を追加したり、バグを修正したりすることがあります。関連する機能を整理し、列挙型などプログラミング言語の特性を効果的に活用することで、これらの変更が容易になります。このようなプログラムの変更のしやすさを保守性と呼びます。バックエンドエンジニアとして、一度書いたコードが最終形ではなく、機能追加やバグ修正のために何度も変更が求められることがあります。そのため、コードを書く際は、将来的な変更がしやすいように保守性を意識することが重要です。

SECTION 4-4　トランプのカードを変数に代入しよう

次に先ほど定義した「Suit」や「Card」を使ってみましょう。

```
let card = Card { // 構造体のインスタンスを生成
    suit: Suit::Club, // 列挙型
    rank: 1,
};
```

列挙型は、**型名::列挙子**で使用することができます。

　構造体は、各フィールドに対して具体的な値を指定して、構造体のインスタンスを生成することで使うことができます。構造体はフィールド名と変数が同じであれば、次のように短く書くこともできます。

```
let suit = Suit::Club; // 列挙型
let rank = 1;
let card = Card { suit, rank }; // 構造体のインスタンスを生成
```

構造体が無事できているか確認するため、画面に表示してみましょう。

```
#[derive(Debug, Clone, Copy, PartialEq)]  // ここに追加
enum Suit {
    Club,
    Diamond,
    Heart,
    Spade,
}

#[derive(Debug, Clone, Copy, PartialEg)] // ここに追加
struct Card {
    suit: Suit,
    rank: i32,
}

fn main() {
    let suit = Suit::Club; // 列挙型
    let rank = 1;
    let card = Card { suit, rank }; // 構造体のインスタンスを生成
    println!("{:?}", card); // ここに追加
}
```

4-4　トランプのカードを変数に代入しよう

```
Card { suit: Club, rank: 1 }
```

このように表示されたら成功です！

SECTION 4-5 | 52枚の山札を作ろう

次に、カードを52枚準備して山札を作りましょう（今回、ジョーカーは扱いません）。

山札は、カード52枚の束と考えることができます。Rustではそういった同じものをまとめて扱うときにVecというコレクションを使います。

カードを一枚ずつ定義していると日が暮れてしまうので前章で使用したfor-in文を使います。

```rust
fn main () {
    // Vecの用意
    let mut deck: Vec<Card> = Vec::new();
    let suits = [Suit::Club, Suit::Diamond, Suit::Heart, Suit::Spade];

    // Deckを作成
    for suit in suits {
        for rank in 1..=13 {
            // Vecにカードを入れる
            deck.push(Card { suit, rank });
        }
    }

    println!("{:?}", deck);
```

}

実行して、次のような出力になればOKです。

```
Card { suit: Club, rank: 1 }
Card { suit: Club, rank: 2 }
...
Card { suit: Spade, rank: 12 }
Card { suit: Spade, rank: 13 }
```

SECTION 4-6 山札をシャッフルしよう

このままだと山札の順序がいつも同じになってしまうため、上から5枚引いたときに毎回同じカードになってしまいます。そこで、前章で利用したrand crateを使います。

次のコマンドを実行し、rand crateを使えるようにします。

```
$ cargo add rand
```

```rust
use rand::seq::SliceRandom; // ここに追加
fn main () {
    // Vecの用意
    let mut deck: Vec<Card> = Vec::new();
    let suits = [Suit::Club, Suit::Diamond, Suit::Heart, Suit::Spade];
    // Deckを作成
    for suit in suits {
        for rank in 1..=13 {
            // Vecにカードを入れる
```

```
            deck.push(Card { suit, rank });
        }
    }
    // Deckをシャッフル
    let mut rng = rand::thread_rng(); // ここに追加
    deck.shuffle(&mut rng); // ここに追加
    println!("{:?}", deck);
}
```

実行すると先ほどと異なり、ランダムな順序で表示されます。

```
Card { suit: Club, rank: 11 }
Card { suit: Spade, rank: 2 }
...
Card { suit: Diamond, rank: 5 }
Card { suit: Heart, rank: 2 }
```

SECTION 4-7 山札からカードを引こう

山札のシャッフルができたので次は手札を作りましょう。山札と同様にVecを利用します。

```
fn main() {
    ...
    // 手札用のVecの用意
    let mut hand: Vec<Card> = Vec::new();
    // 5枚のカードを引く
    for _ in 0..5 {
        hand.push(deck.pop().unwrap());
```

```
    }
}
```

そして手札の表示をしてみましょう。

```
fn main() {
    ...
    // 手札を表示
    println!("---Hand---");
    for (i, card) in hand.iter().enumerate() {
        println!("{:}: {:?} {:}", i + 1, card.suit, card.rank);
    }
}
```

次のような表示になれば成功です。rand crateを使用しているため実行するたびに値が変わります。

```
---Hand---
1: Heart 2
2: Spade 3
3: Diamond 6
4: Diamond 8
5: Club 9
```

役判定をやりやすくするため、ランク順に並べ替えましょう。

```
fn main() {
    ...
    // 手札をソート
    hand.sort_by(|a, b| a.rank.cmp(&b.rank)); // ここを追加

    // 手札を表示
```

4-7 山札からカードを引こう
097

```
    println!("---Hand---");
    for card in &hand {
        println!("{:?} {:}", card.suit, card.rank);
    }
}
```

SECTION 4-8 手札交換

次に手札交換を実装します。まずは、交換したいカードを選ぶためにユーザーからの入力を受け付けましょう。

```
fn main() {
    ...
    println!("入れ替えたいカードの番号を入力してください(例: 1 2 3)");
    // ユーザーからの入力を入れるための変数
    let mut input = String::new();
    // ユーザーから入力を変数に書き込む
    std::io::stdin().read_line(&mut input).unwrap();
}
```

次に、選ばれたカードを山札から引いたカードで置き換えます。

```
fn main() {
    ...
    // 扱いやすいようにVecに変換する
    let numbers: Vec<usize> = input
        .split_whitespace()              // 文字列を空白区切りで分割する
                                          // (例: "1 2 3" -> ["1", "2", "3"])
```

```
        .map(|x| x.parse().unwrap()) // 文字列を数値に変換する
                                      // (例: ["1", "2", "3"] -> [1, 2, 3])
        .collect::<Vec<usize>>();        // Vecに変換する
    // 与えられた数字の箇所をデッキから取り出したカードに置き換える
    for number in numbers {
        hand[number - 1] = deck.pop().unwrap();
    }
}
```

実際に置き換わっているか表示してみましょう。

```
fn main() {
    ...
    // 手札をソート
    hand.sort_by(|a, b| a.rank.cmp(&b.rank));
    // 手札を表示
    println!("---Hand---");
    for card in &hand {
        println!("{:?} {:}", card.suit, card.rank);
    }
}
```

無事に置き換わっていることがわかります。

SECTION 4-9 役判定

ポーカーにはいくつか役があります。今回は簡略化のために、数を絞った役判定プログラムを実装していきます。

- **フラッシュ**
  手札のスートがすべて同じ
  例：♡1 ♡2 ♢5 ♡7 ♡9
- **ワンペア**
  同じランクのカードが1組
  例：♡1 ♤1 ♢3 ♡4 ♧5
- **ツーペア**
  同じランクのカードが2組
  例：♡1 ♤1 ♢3 ♡3 ♧5
- **スリーカード**
  同じランクのカードが3枚以上
  例：♡1 ♤1 ♢1 ♡4 ♧5

```rust
fn main() {
    ...
    // フラッシュのチェック
    let suit = hand.first().unwrap().suit;
    let flash = hand.iter().all(|c| c.suit == suit);
    // ペア数のチェック
    let mut count = 0;
    for i in 0..hand.len() - 1 {
        for j in i + 1..hand.len() {
            if hand[i].rank == hand[j].rank {
```

```
                count += 1;
            }
        }
    }

    if flash {
        println!("フラッシュ！");
    } else if count >= 3 {
        println!("スリーカード！");
    } else if count == 2 {
        println!("2ペア！");
    } else if count == 1 {
        println!("1ペア！");
    } else {
        println!("役なし...")
    }
}
```

　上記の修正を加えると、カードを入れ替えたあとに役があればその役が表示されます。それ以外であれば「役なし...」と表示されます。

まとめ

本章では、構造体や列挙型などを用いてコマンドライン上で動く簡易ポーカーゲームを作成しました。構造体や列挙型を扱うことでトランプのカードのような現実世界にある「モノ」を定義することができます。実際のソフトウェア開発では、現実世界にある「モノ」を適切に表現することが重要となります。日常生活で見かけたものをRustでどう表現できるかを考えてみると構造体を扱うトレーニングになるので、ぜひやってみてください。

第 5 章

関数とメソッドを
扱えるようになろう
［ メモリ機能付き電卓 ］

前章では、さまざまなデータ構造の扱い方を学びました。前章まで
のプログラムの中で、標準入力を読み込むための std::io::stdin() や
Vec 型の値の要素をソートする sort_by() など、さまざまな機能を
使ってきました。これらの機能は、Rust では関数やメソッドと呼ば
れる形態で提供されています。

本章では、メモリ機能のついた電卓を作りながら、関数やメソッド
を自分で作成し、処理のフローを整理したり再利用したりする方法
を学びます。

第5章
Flow Chart

メモリ機能付き電卓ができるまで

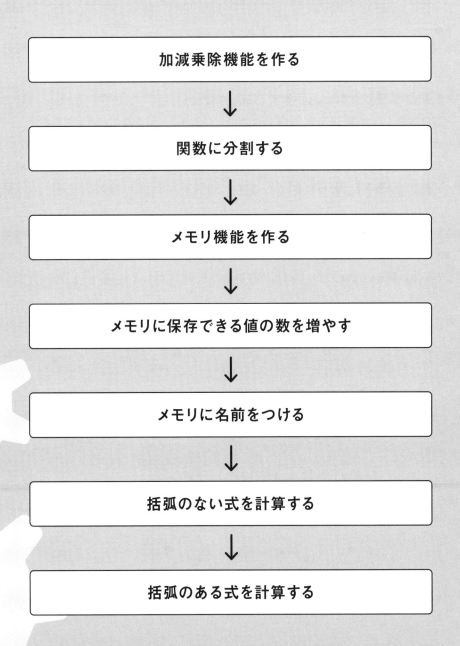

SECTION 5-1 アプリケーションの仕様

本章では、次のプログラムを作成します。

- 計算式を1行ずつ読み込んで処理する
- 計算結果は整数型ではなく小数型（**f64**）で管理する
- 空白区切りで **数値 演算子 数値** のように入力すると、計算結果が表示される
- **mem+** や **mem-** とだけ入力すると、直前の計算結果がメモリに足し引きされる
- 計算式の **数値** の部分が **mem** になっていた場合、数値の代わりにメモリの値を使う
- メモリには名前をつけられる

本章の前半では実装を簡単にするために入力できる演算子は1つだけとしますが、本章の最後では力試しとして、加減乗除と括弧を含む式の計算ができるように拡張します。ただし、この力試しの部分は難しいため、読み飛ばして次の章に進んでも構いません。

力試しの部分まですべて作成すると、このような入出力ができるようになります。

```
1 + 2
  => 3    // 1+2=3
mem+
  => 3    // メモリが空のところに3を足したのでメモリの中身は3
3 - 4 * 5
  => -17  // (3-4)*5 ではなく 3-(4*5)
mem / 6
  => 0.5  // メモリの中身は変わらず3なので、6で割ると0.5
( 3 - 1 ) * ( 4 + 1 )
  => 10   // 括弧を考慮して計算
```

SECTION 5-2 加減乗除機能を作ろう

関数を使わない実装

　一気に全機能を実装するのは難しいため、まずはメモリ機能を無視してシンプルな **数値 演算子 数値** の形の式を計算できるようにしましょう。実はこの機能だけなら、ほぼ前章までに学んだことだけで実装できます。新しいプロジェクトを作成して、実装してみましょう。

```rust
use std::io::stdin;

fn main() {
    for line in stdin().lines() {
        // 1行読み取って空行なら終了
        let line = line.unwrap();
        if line.is_empty() {
            break;
        }
        // 空白で分割
        let tokens: Vec<&str>= line.split(char::is_whitespace).collect();
        // 式の計算
        let left: f64 = tokens[0].parse().unwrap();
        let right: f64 = tokens[2].parse().unwrap();
        let result = match tokens[1] {
            "+" => left + right,
            "-" => left - right,
            "*" => left * right,
            "/" => left / right,
            _ => {
```

```
            // 入力が正しいならここには来ない
            unreachable!()
        }
    };
    // 結果の表示
    println!("  => {}", result);
    }
}
```

実行してみて、このように動けば成功です。

```
$ cargo run
1 + 2
  => 3
3 - 4
  => -1
5 * 6
  => 30
7 / 8
  => 0.875
            // 空行を入力すると終了する
```

　プログラム全体が大きな for ループだけで構成されています。 for ループでループする対象として stdin().lines() を使うことで、入力から延々と行を読み続けられます。しかし、これでは簡単にはプログラムを終了できなくなってしまうため、for ループの先頭で「空行が入力されたら終了する」という終了条件を追加しています。

　入力された行を空白で分割する、line.split(char::is_whitespace).collect() は決まり文句です。これによって、入力された1行の文字列を、意味のある塊（token：トークン。日本語では字句）に切り出しています。なお、この決まり文句の文法的な詳しい意味は本書の範囲を超えますので割愛します。

式の値を計算する部分では、まず空白で区切られた "12345" や "314" といった文字列を、数値としての 12345 や 314 に変換します。そして、演算子の種類に応じて式の値を計算します。実は、**match** 式は文字列に対しても使えます。この実装では、**tokens[1]**（つまり式の 演算子の部分）がどの文字列に一致するかに応じて、計算する式を切り替えています。文字列に対して **match** 式を使った場合でも **match** 式の網羅性チェックは有効なままですので、どの文字列にも一致しなかった場合の処理を追加し忘れないようにしましょう。今は絶対に **+-*/** のどれかを入力してもらえるはずなので、コンパイラに対して「ここには来ない」ことを教えるために **unreachable!()** を書いています。

関数の定義と呼び出し方

　それでは、本章のテーマである**関数**を使って、このプログラムを書き換えてみましょう。

　関数とは、名前をつけられたひとかたまりの処理のことをいいます。

　普通、処理を行うには元になる入力データと、処理をした結果があります。そのため、関数を自分で作成する（定義する）際は、入力データと処理結果、処理の内容の3点セットを意識する必要があります。

関数の定義

　関数を定義するには、次のように書きます。関数の定義は原則としてファイルのトップレベル（ fn main() { ... } の外側）に書きます。

```
fn 関数名(引数...) -> 戻り値の型 {
    処理
}
```

　関数名は関数の名前で、使える文字は変数名と同じです。関数名は、ほかの処理の途中でこの関数の処理を使う（**関数を呼ぶ**といいます）ときに使います。

5-2　加減乗除機能を作ろう　　107

引数は関数の処理に必要な値（入力データ）の一覧です。引数は空でも構いませんが、その場合でも括弧は必須です。関数定義に現れる引数を**仮引数**、関数を呼ぶ際に引数として渡される実際の値を**実引数**と呼ぶことがあります。

戻り値は関数の処理結果です。多くの関数は何かしらの戻り値を返しますが、例えば文字列を表示するだけの関数など戻り値がないこともあります。戻り値がない場合は、**-> 戻り値** の部分は書きません。

それでは、いくつか関数定義の例を見ていきましょう。

最も単純な関数は、何も引数を取らず、何の処理もせず、何の値も返さない関数です。このような関数は次のように書きます。

```
fn do_nothing() {}
```

引数も処理も空ですが、括弧は省略できないのでこのような書き方になります。

同じく何も引数を取らず何の値も返さないが、画面に **Hello, world!** とだけ表示する関数はこのように書きます。

```
fn say_hello() {
    println!("Hello, world!");
}
```

COLUMN **main 関数**

say_hello 関数は第2章で書いたプログラムとよく似ていますね。実は、これまで書いてきた fn main() { ... } というのは main という名前の関数を定義する構文です。Rust のプログラムは必ず main という名前の関数から実行を開始する、という決まりになっているため、main 関数がプログラムの本体になるのです。

引数がある場合は、例えば f64 型の値を表示するだけの関数はこのように書きます。

```
fn print_value(value: f64) {
    println!("The value is {}", value);
}
```

引数は **引数名 : 型名** の形で書きます。変数の宣言とは異なり、**let** を書いてはいけないことに注意してください。

引数が複数ある場合は、カンマ , で区切ります。例えば、f64 型の値 2 つを足す関数はこのようになります。

```
fn add_values(left: f64, right: f64) -> f64 {
    left + right
}
```

関数の戻り値には、関数の最後に書いた文の結果が使われます。このとき、最後の文の末尾にセミコロン ; を書かないように気をつけましょう。

f64 以外の型を引数や戻り値に使いたい場合は、別途考慮する事項があるため次節以降で説明します。

これで関数を自分で定義できるようになりました。

> **COLUMN　ブロック式**
>
> Rustでは、波括弧{}で囲われたコードブロックも式として扱われます。ブロック式の値には、コードブロックの最後にある式の値が使われます。そのため、関数の中でこのような書き方ができます。
>
> ```
> fn main() {
>     let some_value: i32 = {
>         // 1行読み取って整数に変換
>         let line = std::io::stdin()::read_line();
>         line.parse().unwrap()
>     };
>     println!("{}", some_value);
>     // line変数は上記のコードブロック内でのみ有効。外側では使えない
>     // println!("{}", line);
> }
> ```
>
> このコードでは **some_value** には **line.parse().unwrap()** の結果が代入されます。最後の文にセミコロン**;**を書かないよう注意しましょう。**line** 変数はこのコードブロックの中でのみ有効で、その外側で使うことはできません。

関数の呼び出し

定義した関数を呼び出すときは、このように書きます。関数に戻り値がある場合は、式の中でもこの書き方ができます。

```
関数名(引数...)
```

例えば、上で定義した **do_nothing, say_hello, print_value, add_values** 関数をそれぞれ呼び出してみましょう。

```
fn main() {
    // 引数がない場合でも括弧は必須
```

110　　第5章　関数とメソッドを扱えるようになろう［メモリ機能付き電卓］

```
    do_nothing();

    // 同上
    say_hello();

    // 引数を渡す場合は、括弧の中に書く。型名は不要
    print_value(123);

    // 引数が複数ある場合は、カンマで区切る
    // 戻り値があるので式の中で使える
    let result = add_values(1.0, 2.0) + 3.0;

    // 1回定義した関数は何回呼んでもよい
    print_value(result);
}
```

　print_value 関数を2回使っていますが、一度定義した関数は何回呼んでも構いません。1回
も呼ばなくても構いませんが、そのときは変数を宣言したのにその値を使っていない場合と同様、
コンパイル時に警告が出ます。

処理を関数に分割しよう

　関数定義の例で **print_value** 関数や **add_values** 関数が出てきたので、作成中の電卓プログ
ラムに組み込んでみましょう。足し算以外の四則演算にも個別の関数を作成してみます。

```
    // 略

    // 式の計算
    let left: f64 = tokens[0].parse().unwrap();
    let right: f64 = tokens[2].parse().unwrap();
    let result = match tokens[1] {
```

5-2　加減乗除機能を作ろう　　111

```rust
            "+" => add_values(left, right),
            "-" => subtract_values(left, right),
            "*" => multiply_values(left, right),
            "/" => divide_values(left, right),
            _ => {
                // 入力が正しいならここには来ない
                unreachable!()
            }
        };
        // 結果の表示
        print_value(result);
    }
}
fn print_value(value: f64) {
    println!("  => {}", value);
}
fn add_values(left: f64, right: f64) -> f64 {
    left + right
}
fn subtract_values(left: f64, right: f64) -> f64 {
    left - right
}
fn multiply_values(left: f64, right: f64) -> f64 {
    left * right
}
fn divide_values(left: f64, right: f64) -> f64 {
    left / right
}
```

このコードでは main 関数の後ろで関数を定義し、main 関数の中でこれらの関数を使っています。変数は使う前に let foo = … で変数宣言する必要がありましたが、関数は使う場所よりも後ろに定義を書くことができます。

関数を使うメリット

さて、関数を自分で定義してもとくにプログラムの動作は変わっていません。それなのになぜわざわざ関数を使うのでしょうか？

関数を使う場面は次の2つに大きく分けられます。

- **関数を使わないと書けない場合**
- **関数を使うとプログラムを読み書きしやすくなる場合**

前者の「関数を使わないと書けない場合」は、実はあまり多くありません。主なケースでいうと、第7章のように特定の処理をほかの人にも使ってもらう場合や、本章の最後の力試しで登場する再帰的な処理を行う場合があります。

後者の「関数を使うとプログラムを読み書きしやすくなる場合」は、具体的なメリットとして次の3点があります。

- **処理の意図が明確になる**
- **同じ処理を使い回せる**
- **処理を使う側が処理の実装を意識せずに済むようになる**

「処理の意図が明確になる」ことに関しては、例えば println!(" => {}", value); とコード上に直接書いた場合、これが電卓アプリの計算結果の出力なのか、あるいはデバッグのために一時的に書いただけで最終的には消すべきなのか、不明確です。そこで、この処理に print_value という名前をつけることで、「わざわざ名前をつけているのだから一時的に書いただけのものではない」という意図がコードに現れます。さらにいうと、関数名を print_output や print_result とするほうが実装者の意図がコードを読む人に対して伝わりやすくなるでしょう。

「同じ処理を使い回せる」「処理を使う側が処理の実装を意識せずに済むようになる」ことに関しては、本章を読み進めていくと実感できるようになります。

逆にいうと、これらのメリットが薄い状況では、関数に分割することでかえってプログラムが読みにくくなります。例えば、前ページの実装で足し算処理などを **add_values** 関数などに分割しましたが、処理の意図は元の **left + right** の時点で明確です。さらに、足し算処理を使い回す場面はなさそうですし、関数の名前からして実装の詳細がむき出しです。したがって、**add_values** 関数などは関数に分割せず、むしろそのまま処理を埋め込むほうが読みやすくなります。

　ここまでの読みやすさの改善ポイントを基に、実装を修正しましょう。

```rust
    // 略

    // 式の計算
    let left: f64 = tokens[0].parse().unwrap();
    let right: f64 = tokens[2].parse().unwrap();
    let result = match tokens[1] {
        "+" => left + right,   // 変更
        "-" => left - right,   // 変更
        "*" => left * right,   // 変更
        "/" => left / right,   // 変更
        _ => {
            // 入力が正しいならここには来ない
            unreachable!()
        }
    };
    // 結果の表示
    print_output(result);      // 変更
    }
}
fn print_output(value: f64) {      // 変更
    println!("  => {}", value);
}
// add_values 以降は削除
```

結局冒頭の実装とあまり変わらなくなりましたが、現時点でできる実装としてはこれでよいのです。

ぜひ関数を活用して、プログラムを読みやすくしましょう。

SECTION 5-3 メモリ機能を実装しよう

加減乗除機能が実装できたので、ここからはメモリ機能の実装に移ります。そしてここでは、前節で扱えなかった f64 以外の型の値を引数に渡す方法を見ていきます。

メモリへの読み書き

本章の電卓のメモリ機能の仕様を思い出しましょう。メモリに関する記述は、次の2点でした。

- mem+ や mem- とだけ入力すると、直前の計算結果がメモリに足し引きされる
- 計算式の **数値** の部分が **mem** になっていた場合、数値の代わりにメモリの値を使う

まだ f64 以外の値を関数に渡す方法は知らないので、まずは新たな関数を定義せずに実装してみましょう。

```
use std::io::stdin;

fn main() {
    let mut memory: f64 = 0.0;          // 追加
    let mut prev_result: f64 = 0.0;     // 追加
    for line in stdin().lines() {
        // 1行読み取って空白なら終了
```

5-3 メモリ機能を実装しよう　　115

```rust
    let line = line.unwrap();
    if line.is_empty() {
        break;
    }
    // 空白で分割
    let tokens: Vec<&str>= line.split(char::is_whitespace).collect();
    // ここから追加
    // メモリへの書き込み
    if tokens[0] == "mem+" {
        memory += prev_result;
        print_output(memory);
        continue;
    } else if tokens[0] == "mem-" {
        memory -= prev_result;
        print_output(memory);
        continue;
    }
    // ここまで追加


    // 式の計算
    // let left: f64 = tokens[0].parse().unwrap();
    // let right: f64 = tokens[2].parse().unwrap();
    // 上記の2行を以下に変更
    let left = if tokens[0] == "mem" {
        memory
    } else {
        tokens[0].parse().unwrap()
    };
    let right = if tokens[2] == "mem" {
        memory
    } else {
        tokens[2].parse().unwrap()
```

```
    };
    // ここまで変更
    let result = match tokens[1] {
        "+" => left + right,
        // 残りのアームは省略
    };
    // 結果の表示
    print_output(result);

    prev_result = result; // 追加
    }
}
fn print_output(value: f64) {
    println!("  => {}", value);
}
```

実行して、このようになれば成功です。

```
$ cargo run
1 + 2
  => 3
mem+
  => 3
mem * 3
  => 9
mem-
  => -6
```

　メモリへの書き込み処理を追加したほか、計算に使用する値をメモリから読み出せるように変更しています。これに付随して、現時点のメモリの内容と直前の式の計算結果を保存しておくため、**memory** と **prev_result** の両変数を追加しています。

メモリへの書き込み処理は、ここでは単純に、空白で区切った行の先頭が **mem+** と **mem-** のどちらかなら直前の計算結果 **prev_result** を足し引きする実装にしています。

メモリの値を読み出す処理は、**数値** でなく **mem** と書かれていたらメモリの値を使うようにしています。以前のコードと見比べてみると **let left: f64 = …** から **let left = …** と型注釈が消えていますが、これは「**if … else …** の2つのコードブロックの値の型は一致しなければならない」という Rust の制限から、**if …** の型が **memory** の型つまり **f64** なので **else …** の型も **f64** だと確定し型推論が利くようになるからです。

さて、この **let left = …** と **let right = …** の部分ですが、どちらもとても似た処理を行っています。そのため、この処理を関数に切り出してみましょう。2つの内容を見比べてみると、

```
if ○○ == "mem" {
    memory
} else {
    ○○.parse().unwrap()
}
```

と共通しています。元のコードでいうと、○○ は **token[???]** に相当します。問題は ○○ の部分が前節と異なり文字列型 **&str** になっていることです。前節で学んだ **f64** 型を引数にとる関数の定義のしかたから類推すると、この部分だけ関数に切り出すとこのように書けそうです。

```
fn eval_token(token: &str, memory: f64) -> f64 {
    if token == "mem" {
        memory
    } else {
        token.parse().unwrap()
    }
}
```

なお、○○ は Rust の変数名として使えないため、○○ を **token** に置き換えています。引数として **memory** を受け取ることを忘れないよう注意しましょう。

さて、実はこの類推は正しく、文字列を渡す場合でも関数の引数の書き方は同じです。関数を使う側も、書き方は同じです。文字列を関数に渡せるようになったので、わかりやすくするためにmatch式の部分も関数に切り出してしまいましょう。

```rust
fn main() {
    // 略

    // 式の計算
    let left = eval_token(tokens[0], memory);
    let right = eval_token(tokens[2], memory);
    let result = eval_expression(left, tokens[1], right);
    // 結果の表示

    // 略
}
fn eval_token(token: &str, memory: f64) -> f64 {
    if token == "mem" {
        memory
    } else {
        token.parse().unwrap()
    }
}
fn eval_expression(left: f64, operator: &str, right: f64) -> f64 {
    match operator {
        "+" => left + right,
        "-" => left - right,
        "*" => left * right,
        "/" => left / right,
        _ => {
            // 入力が正しいならここには来ない
            unreachable!()
        }
```

5-3 メモリ機能を実装しよう 119

```
        }
    }
```

実行してみましょう。関数に切り出す前と同じ出力が得られれば成功です。

ところで、メモリへの書き込み処理も似たようなことをしているのに、なぜ関数に切り出さないのでしょうか？　それは、関数が呼ばれたときは関数の中の処理が呼び出し元に埋め込まれるのではなく実行が関数の中にジャンプしているため、構文上関数それ単体で完結しない処理は書けないからです。

メモリへの書き込み処理の部分を関数に切り出す場合、このように書きたくなるでしょう[1][2]。

```
fn main() {
    // 略

    // メモリへの書き込み
    if tokens[0] == "mem+" {
        add_and_print_memory(memory, prev_result);
    } else if tokens[0] == "mem-" {
        add_and_print_memory(memory, -prev_result);
    }

    // 略
}
fn add_and_print_memory(mut memory: f64, prev_result: f64) {
    memory += prev_result;
    print_output(memory);
    continue;
}
```

※1　引き算することと符号を反転させた数を足すことは同じなので、このような共通化ができます。
※2　memory += prev_result するので、**add_and_print_memory** 関数の仮引数 memory は可変である必要があります。**mut memory: f64** は仮引数が可変であることを示す書き方です。

120　　第5章　関数とメソッドを扱えるようになろう［メモリ機能付き電卓］

ところが、このコードはコンパイルできません。というのも、**continue** は **for** 文などのループの中にしか書けないにもかかわらず、**add_and_print_memory** 関数だけ見ると **continue** がループの中でないところに書かれているからです。**continue** を関数の外に出して、このように書くことは可能です。

```rust
fn main() {
    // 略

    // メモリへの書き込み
    if tokens[0] == "mem+" {
        add_and_print_memory(memory, prev_result);
        continue;
    } else if tokens[0] == "mem-" {
        add_and_print_memory(memory, -prev_result);
        continue;
    }

    // 略
}
fn add_and_print_memory(mut memory: f64, prev_result: f64) {
    memory += prev_result;
    print_output(memory);
}
```

　さて、この **add_and_print_memory** 関数に切り出した状態でプログラムを実行してみましょう。

```
$ cargo run
1 + 2
  => 3
mem+
  => 3
```

5-3　メモリ機能を実装しよう　　121

```
mem * 3
  => 0
mem-
  => 0
```

結果が変わってしまいました。なぜでしょうか？

参照渡しと値渡し

メモリへの書き込み処理を **add_and_print_memory** 関数に切り出したらプログラムの挙動
が変わってしまった理由は、**add_and_print_memory** 関数には呼び出し元の **memory** の値
のコピーが渡ってきているからです。

add_and_print_memory 関数の仮引数 **memory** と呼び出し元の変数 **memory** は別物です。
そのため、「関数が呼ばれたときは関数の中の処理が呼び出し元に埋め込まれるのではない」と
書きましたが、無理やり呼び出し元に埋め込んで書くと、イメージ的にはこのようになります。

```
// 元コード
if &tokens[0] == "mem+" {
    add_and_print_memory(memory, prev_result);
    continue;
}
...
fn add_and_print_memory(mut memory: 64, prev_result: f64) {
    memory += prev_result;
    print_output(memory);
}
```

```
// 関数が呼び出されるときのイメージ
if tokens[0] == "mem+" {
    {
```

```
        // これらの変数はシャドーイングによって元の変数とは別物
        let mut memory: f64 = memory;
        let prev_result: f64 = prev_result;

        memory += prev_result;
        print_output(memory);
    }
    // ブロック式の中で宣言された変数は外では使えないので、
    // ブロック式の外側ではシャドーイング前のmemoryとprev_resultのまま
    continue;
}
...
```

わかりやすくなるよう、変数名が重複しないように書き直すとこうなります。

```
// 関数が呼び出されるときのイメージ
if tokens[0] == "mem+" {
    {
        // ここでmemoryとprev_resultの値がコピーされている
        let mut local_memory: f64 = memory;
        let local_prev_result: f64 = prev_result;

        local_memory += local_prev_result;
        print_output(local_memory);
    }
    // memoryとprev_resultの値は変わらないまま
    continue;
}
...
```

5-3　メモリ機能を実装しよう　　123

呼び出し側の memory とは別の変数の値を書き換えているのと状況としては変わらないため、関数の中で仮引数の値を書き換えているにもかかわらず実引数には影響しないのです。

関数の中で実引数を上書きするには、値そのものではなく値の保存されている場所を渡します。値の保存されている場所のことを**値への参照**といいます。値への参照を取得するには & を、値への参照から値そのものを取り出すには * を使います。値そのものを取り出すことを**参照外し**と呼びます。変数に可変と不変の区別があるのと同様、参照にも値の書き換えが可能な**可変参照**と書き換え不可能な**不変参照**があります。&mut 変数名 と書くと可変参照が、& 変数名 と書くと不変参照が得られます。

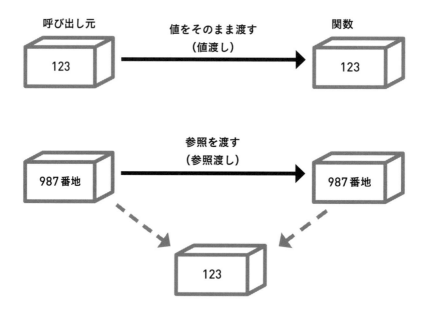

それでは、memory を参照渡ししてみましょう。memory は値を上書きしたいので、可変参照で渡しましょう。値渡しと同様に呼び出されるときのイメージを書くと、次のようになります。

```
// 可変参照を渡すときのイメージ
if tokens[0] == "mem+" {
    {
        // local_memoryにmemoryへの可変参照を渡す
        let local_memory: &mut f64 = &mut memory;
```

```
        let local_prev_result: f64 = prev_result;


        // 値を使うときは*をつけ忘れないよう注意
        *local_memory += local_prev_result;
        print_output(*local_memory);
    }
    continue;
}
...
```

local_memory に memory の値が保存されている場所を、値の書き換えが可能な状態で渡しています。そして、local_memory は値そのものではなく参照になったので、値の更新や読み取りの際は *local_memory のように * をつけて値を使うようにしています。

これを関数の形に書き戻すと次のようになります。新しい add_and_print_memory 関数の仮引数のうち、memory のように引数を参照で渡すことを**参照渡し**、prev_result のように値をそのまま渡すことを**値渡し**といいます。

```
if tokens[0] == "mem+" {
    add_and_print_memory(&mut memory, prev_result); // &mut を追加
    continue;
}
...
// 以下に変更
fn add_and_print_memory(memory: &mut f64, prev_result: f64) {
    *memory += prev_result;
    print_output(*memory);
}
```

呼び出す側を **&mut memory** に変え忘れないよう注意しましょう。

この状態で実行してみて、メモリ機能を関数に切り出す前と同じ出力が得られれば成功です。

5-3　メモリ機能を実装しよう　　125

SECTION 5-4 メモリ機能を拡張しよう

メモリ機能は実装できましたが、メモリが1つしかないのでは物足りません。メモリ機能を拡張して、いくつでも値を保存できるようにしましょう。

メモリを10個に増やそう

いくらでも値を保存できるようにするのは難しいので、まずはメモリを0番から9番の10個に増やしてみましょう。これまでは mem+ などという書き方でメモリにアクセスしていましたが、ここからは例えば mem1+ と書くと1番のメモリに加算できる、といった書き方に変更します。番号でアクセスするので、メモリを配列で保持するといいですね。前節で学んだやり方を参考に実装してみましょう。

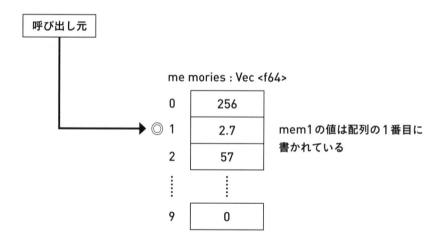

```rust
fn main() {
    // let mut memory: f64 = 0.0;
    // 以下に変更
    let mut memories: Vec<f64> = vec![0.0; 10];

    // 略

    // メモリへの書き込み
    let is_memory = tokens[0].starts_with("mem");
    if is_memory && tokens[0].ends_with('+') {
        add_and_print_memory(&mut memories, tokens[0], prev_result);
        continue;
    } else if is_memory && tokens[0].ends_with('-') {
        add_and_print_memory(
            &mut memories,
            tokens[0],
            -prev_result,
        );
        continue;
    }
    // 式の値の計算
    let left = eval_token(tokens[0], memories);
    let right = eval_token(tokens[2], memories);
    let result = eval_expression(left, tokens[1], right);

    // 略
}

// どちらの関数も変更
fn add_and_print_memory(
    memories: &mut Vec<f64>,
    token: &str,
```

5-4 メモリ機能を拡張しよう　　　**127**

```
    prev_result: f64,
) {
    let slot_index: usize = token[3..token.len() - 1].parse().unwrap();
    memories[slot_index] += prev_result;
    print_output(memories[slot_index]);
}
```

```
fn eval_token(token: &str, memories: Vec<f64>) -> f64 {
    if token.starts_with("mem") {
        let slot_index: usize = token[3..].parse().unwrap();
        memories[slot_index]
    } else {
        token.parse().unwrap()
    }
}
```

　メモリの型を **f64** から **f64** 型の配列 **Vec<f64>** に変え、**add_and_print_memory** 関数と **eval_token** 関数がそれぞれ **Vec<f64>** のメモリを受け取るようにしています。前節で学んだように、**add_and_print_memory** 関数は **memories** の中身を書き換えるのでメモリを参照渡しするようにしています。

　add_and_print_memory 関数の1行目の **token[3..token.len() - 1]** と **eval_token** 関数の2行目の **token[3..]** は初めて出てきた構文です。**文字列[開始..終了]** と書くと、文字列の **開始** 文字目から **終了** 文字目の手前までを抜き出した文字列になります。**開始** と **終了** はそれぞれ省略できて、省略した場合はそれぞれ先頭からと末尾までという意味になります。**add_and_ print_memory** 関数の場合は、**mem1+** と書いてメモリの1番目を指す仕様にしたので、**mem1+** の3文字目（1）から **mem1+** の長さ -1文字目（つまり4文字目なので +）の手前までを抜き出す、つまり 1 という文字列だけを抜き出します。**eval_token** 関数の場合は、**mem1** と書いてメモリの1番目を指す仕様にしたので、**mem1** の3文字目（1）から **mem1** の末尾まで、つまり同じく 1 という文字列だけを抜き出します。

128　　　第5章　関数とメソッドを扱えるようになろう［メモリ機能付き電卓］

末尾に＋やーがない場合

※わかりやすくするために数の桁数を増やしています

メモリ番号

token:　　　　m e m 31415

0　1　2　3　4　5　6　7

→メモリ番号はtokenの3文字目以降なので、
　token［3..］を数値に変換すると
　メモリ番号が得られる

末尾に＋やーがある場合

メモリ番号

token:　　　　m e m 31415 ＋

0　1　2　3　4　5　6　7　8

→メモリ番号はtokenの3文字目から、
　8文字目の手前まで。
　3という値はtokenの長さによって変わらないが
　8のほうは変わり、（tokenの長さ）－1になる。
　よってtoken[3..token. len()-1]を数値に変換すると
　メモリ番号が得られる

さて、このコードは実はコンパイルエラーになります。

```
$ cargo build
error[E0382]: use of moved value: `memories`
  --> src/main.rs:26:43
   |
4  |    let mut memories: Vec<f64> = vec![0.0; 10];
   |        ----------- move occurs because `memories` has type
`Vec<f64>`, which does not implement the `Copy` trait
...
7  |    for line in stdin().lines() {
   |    ------------------------- inside of this loop
...
```

5-4　メモリ機能を拡張しよう　　129

```
26 |         let left = eval_token(&tokens[0], memories);
   |                               ^^^^^^^^ value used here
after move
27 |         let right = eval_token(&tokens[2], memories);
   |                                            -------- value moved
here, in previous iteration of loop
   |
note: consider changing this parameter type in function `eval_token` to
borrow instead if owning the value isn't necessary
  --> src/main.rs:46:38
   |
46 | fn eval_token(token: &str, memories: Vec<f64>) -> f64 {
   |    ---------- in this function        ^^^^^^^^ this parameter takes
ownership of the value
help: consider cloning the value if the performance cost is acceptable
   |
27 |         let right = eval_token(&tokens[2], memories.clone());
   |                                                    ++++++++
（後略）
```

　長いエラーメッセージですが、落ち着いて中身を見ると **use of moved value** や **takes ownership of the value** など聞き慣れないフレーズが並んでいます。意味を理解できないエラーは恐ろしく感じられるものですが、このエラーの意味を理解するには、Rust における所有権について知る必要があります。

所有権システム

Rustにおける**所有権システム**は、メモリ[※3]の取得と解放、変更可否を統一的に管理するための仕組みです。所有権システムがあることで、軽量かつ安全にメモリを扱うことができます。さらにこの所有権システムによって、データベース接続やファイルなどメモリ以外のさまざまなリソースの管理を同じ仕組みで行うことができます。所有権システムはRustを安全で高性能な言語たらしめる最も重要で特徴的な機能と言っていいでしょう。

Rustの所有権システムは、「同時に複数箇所で値を編集してさえいなければ、何カ所で同時に値を読み取ろうが安全」という大原則に基づいて構築されています。

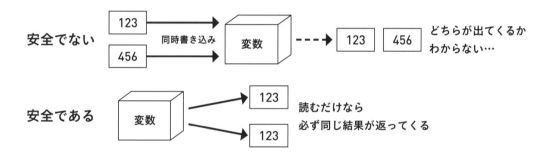

この大原則を保ちながらプログラムを書けるよう、Rustには**ライフタイム**と**所有権**、**借用**の3つの概念が用意されています。大雑把に3つの概念を一言ずつで説明すると、このようになります。

- **ライフタイム**：値もしくは参照の有効期間
- **所有権**：値に対する生殺与奪の権利
- **借用**：値の参照を一時的に借りること

それぞれの概念について詳しく見ていきましょう。

※3 ここでいうメモリとは、作成中の電卓のメモリ機能のことではなく、コンピュータに通常数GB載っているメモリ（メインメモリ）のことです。

ライフタイム

ライフタイム（lifetime）とは、値もしくは参照の有効期間を指します。値のライフタイムのことを**値のスコープ**と呼ぶことがあります。

有効期限から外れた値や参照を使うことはできず、コンパイルエラーになります。

所有権

所有権（ownership）とは、値の生殺与奪を握る権利のことです。値には必ず、所有権を持っている所有者がちょうど1つあります。所有者が常にちょうど1つになるようにするため、所有権には次の決まりがあります。

- **変数は値の所有者になれます**
- **変数のほか、値そのものも別の値の所有者になることができます**
  例えば構造体のフィールドに保持された値は、そのフィールドのある構造体型の値が所有者です
- **誰も所有していない状態になると値のスコープが終了し、値が破棄されます**[※4]
- **所有権は、別の変数や値に譲渡する（ムーブするといいます）ことができます。所有権を譲渡すると、元の変数や値からは使うことができなくなります**

所有者が必ずちょうど1つであることにより、値のスコープが必ず1カ所で終了するようになります。そのため、値のスコープが始まるときに確保したメモリを重複なく確実に解放することができます。

借用

値の所有者は値の生殺与奪を握っているためその値を自由に使えます。しかし、所有者しか値を使えないとなると、プログラム中で同時に1カ所でしか値を使えないことになり、大変不便です。

※4　「メモリを解放してその領域を使えないようにする」ことも編集の一種です。

そのため、値の所有者から、値にアクセスするための参照を一時的に借りることができます。これが参照の**借用**（borrow）です。

大原則である「同時に複数箇所で値を編集してさえいなければ、何カ所で同時に値を読み取ろうが安全」を保つため、参照と借用には次の決まりがあります。

- **所有権を持つ値を借用して、可変参照と不変参照を作ることができます。ただし、可変参照を作れるのは元の値が可変な場合だけです**
- **ほかの参照が有効な間は可変参照を作れません。つまり、同じ値に対する参照は次のいずれかになります**
  - **ただ1つの可変参照がある**
  - **0個以上の不変参照があり、可変参照はない**
- **可変参照は不変参照に変換できますが、その逆はできません**
- **参照のライフタイムは、参照が使われなくなった時点で終了します**

参照元の値のスコープより参照のライフタイムを長くすることはできません。

それでは実際のコードでライフタイムと所有権、借用について見てみましょう。

```
fn main() {
    // (1)
    let mut foo : Vec<i32> = Vec::new();

    // (2)
    foo.push(123);

    // (3)
    println!("{}", foo.len());

    // (4)
    // let hoge = &foo;
    // foo.push(456);
```

5-4 メモリ機能を拡張しよう

```rust
// println!("{}", hoge.len());

// (5)
let bar = foo;

// (6)
// foo.push(456);

// (7)
// bar.push(456);

// (8)
println!("{}", foo.len());

{
    // (9)
    let buzz = bar;

    // (10)
}

// (11)
// println!("{}", bar.len());

// (12)
// let fuga = {
//     let buzz : Vec<i32> = Vec::new();
//     &buzz
// }
}
```

それぞれの行について説明します。

- (1) Vec::new() で得られた値の所有権を foo が獲得します
- (2) push は &mut Vec<i32> と i32 を受け取るメソッドです。foo は可変なので foo への可変参照を借用でき、それをメソッドに渡せます（※メソッドについては後述します。ここでは関数の書き方の一種だと思っていただいて構いません）
- (3) len は &Vec<32> を受け取るメソッドです。(2) で借用した可変参照は (2) の行でしか使わないため、可変参照のライフタイムは (2) の行で終了しています。そのため、新たに不変参照を借用でき、それをメソッドに渡せます
- (4) hoge は hoge.len() まで有効な、foo への不変参照です。hoge.len() の前の行で foo.push(456); しようとしても、hoge が生きているのでその間 foo への新たな可変参照は作れず、コンパイルエラーになります
- (5) foo の持っている所有権を bar にムーブしました。これで foo は所有権を持たなくなりました。(1) で作った値には新たな所有者がいるため、まだ値の解放はされません
- (6) foo はもう所有権を持っていないので、foo で値にアクセスできません
- (7) bar は所有権を持っていますが不変なので、bar から可変参照を借用することはできません
- (8) 可変参照は借用できなくても、不変参照なら借用可能です
- (9) (10) bar から buzz に所有権をムーブしました。ブロック式の終わりで buzz がスコープから抜けるため (1) の値の所有者がいなくなり、(1) の値は解放されます
- (11) 所有者がいなくなったとしても、元の所有者に所有権が戻ることはなく、bar は何の所有権も持たないままです。そのため、コンパイルエラーになります
- (12) fuga に buzz への参照を代入しようとしていますが、buzz はこのブロック式の終わりでスコープから抜けるため、buzz の値のライフタイムはこのブロック式の中に限ります。しかし、&buzz をブロック式の外に返すと参照を使う期間がブロック式の外に及んでしまいます。そのため値のライフタイムより参照のライフタイムのほうが長くなり、コンパイルエラーになります

5-4　メモリ機能を拡張しよう

> **COLUMN drop関数**
>
> (9) のブロック式は事実上、「この変数の値を使うのはここまでなので値を解放してほしい」という意味になっています。コード上で明示的にこのことを示すには、**drop** という関数を使って **drop(bar);** と書きます。

慣れないうちは所有権システムがとても難しく、また鬱陶しく感じられるかもしれません。しかし、実際にプログラムを書いていて所有権システムについて意識する機会は意外なほど少ないです。そしてさらに、Rustは必ず実行前に事前にコンパイルして所有権システムに関するチェックが行われます。コンパイルが通るかわからなくてもひとまずコードを書いてみて、コンパイルエラーが出たら指摘されたところを修正する、というやり方をしても構わないのです。

リベンジ：メモリを10個に増やそう

所有権システムについて概要をつかんだところで、エラーが出ていた元のコードに戻りましょう。エラーが出ていたのは、この関数に関連するところでした。

```rust
fn eval_token(token: &str, memories: Vec<f64>) -> f64 {
    if token.starts_with("mem") {
        let slot_index: usize = token[3..].parse().unwrap();
        memories[slot_index]
    } else {
        token.parse().unwrap()
    }
}
```

エラーメッセージで this parameter takes ownership of the value とあったとおり、memories: Vec<f64> は呼び出し側の値の所有権を奪う書き方です。そのため、let left = eval_token(&tokens[0], memories); の時点で memories は所有権を失い、let right = eval_token(&tokens[2], memories); で所有権をさらに渡すことができなかったのです。な

136　　第5章　関数とメソッドを扱えるようになろう［ メモリ機能付き電卓 ］

お、これらの行はループの中にあるため、**let right = …**の行がなかったとしても、ループの2回目以降ではすでに **memories** が所有権を失っていることになり、コンパイルエラーになります。

　所有権を奪う書き方にしたのが良くないので、次のようにすればよいです。

```
// memories を参照渡しするようにした
let left = eval_token(tokens[0], &memories);
let right = eval_token(tokens[2], &memories);

// 略

// memoriesの型に&をつけた
fn eval_token(token: &str, memories: &Vec<f64>) -> f64 {
    if token.starts_with("mem") {
        let slot_index: usize = token[3..].parse().unwrap();
        memories[slot_index]
    } else {
        token.parse().unwrap()
    }
}
```

　これでコンパイルは通るようになります。

　しかしながら、関数の引数に Vec への参照を直接取ることはあまり多くありません。多くの場合、そのかわりに**スライス**を使います。

　スライスとは、配列の一部分または全体ののぞき窓のことです。スライスを使うことで、配列の一部を取り出して、それがあたかも通常の配列であるかのように扱うことができます。プログラム中では多くの場合、スライスへの参照という形で登場します。今回のプログラムでは、**memories** をスライスで受けても **Vec** への参照で受けてもほとんど変わりません。しかしほとんどの場合、配列の長さを変更しないなら **Vec** で可能なことはスライスでも可能です。そのため一般的には、関数の実装などに影響がない場合は引数をスライスで受けることが多いです。

5-4　メモリ機能を拡張しよう　　137

スライスを作るには、**配列[開始..終了]**のように書きます。これで、**配列**の**開始**番目の要素から**終了**番目の要素の手前まで、という意味になります。**開始**と**終了**は省略でき、省略した場合はそれぞれ先頭からと末尾までという意味になります。スライスの要素へのアクセス方法は通常の配列と同じで、スライスの先頭要素が0番目という扱いになります。

さて、このスライスを作る構文に見覚えはないでしょうか? そう、**add_and_print_ memory**関数の1行目に登場した**token[3..token.len() - 1]**とまったく同じ書き方です。

実は、この**token[3..token.len() - 1]**という書き方は、文字列のスライスを作る構文です。これまで登場した**str**という型は、文字列のスライスを表す型なのです。文字列は言ってしまえば文字の配列で、配列と文字列とで可能な操作はかなり似ています。**str**が文字列のスライスを表す型ならスライスにする前の文字列そのものを扱う型もあるはずで、それが**String**型です。これまで**String**と**&str**の違いがいまいちつかみにくかったと思いますが、これではっきりしたことでしょう。

型名とその意味のまとめ

	配列	文字列	使用頻度
所有権あり	Vec<T>	String	非常によく使う
全体への可変参照	&mut Vec<T>	&mut String	よく使う
全体への不変参照	&Vec<T>	&String	あまり使わない
スライス	[T]	str	ほとんど使わない
スライスへの可変参照	&mut [T]	&mut str	よく使う
スライスへの不変参照	&[T]	&str	非常によく使う

文字列の場合は、空白で文字列を区切るなど文字列の一部分を切り出して扱う場面が配列と比べてとても多いです。Rustのスライス型は、配列の一部を配列全体とほぼ変わらない使い勝手で、なおかつ効率よく扱えるようになっています。また、Rustの所有権システムにより、スライスの参照している元の配列や文字列が勝手に消滅するといったことも発生しません。この安全に扱えるようになったスライスを備えることで、Rustはさらに高性能な言語になっているのです。

それではスライスを使うように書き直しましょう。スライスの型名は**[要素の型]**と書きます。呼び出し側のコードは変わりません[5]。

```rust
// どちらもmemories の型を変更
fn add_and_print_memory(
    memories: &mut [f64],
    token: &str,
    prev_result: f64,
) {
    let slot_index: usize = token[3..token.len() - 1].parse().unwrap();
    memories[slot_index] += prev_result;
    print_value(memories[slot_index]);
}

fn eval_token(token: &str, memories: &[f64]) -> f64 {
    if token.startswith("mem") {
        let slot_index: usize = token[3..].parse().unwrap();
        memories[slot_index]
    } else {
        token.parse().unwrap()
    }
}
```

実行してみて、このようになれば成功です。

```
$ cargo run
1 + 2
  => 3
mem1+
  => 3
```

※5　スライスへの参照と配列への参照は本来別の型ですが、**型強制**という仕組みにより自動で型変換されます。

5-4　メモリ機能を拡張しよう　　139

```
3 + 4
  => 7
mem2-
  => -7
mem1 * mem2
  => -21
```

COLUMN　ムーブセマンティクスとコピーセマンティクス

　ここでは eval_token 関数に memories の所有権ではなく参照を渡すようにすることでコンパイルエラーを解消しましたが、まだ1つ疑問が残ります。なぜ Vec<i32> 型の memories ではなく f64 型の memory を渡していたときはコンパイルエラーが発生しなかったのでしょうか？

　実は、Rust で値を代入するとき、型によって起こることが変わります。Vec<i32> 型の memories のときのように代入すると所有権がムーブされる型がほとんどですが、f64 型の場合代入すると所有権はムーブされず、値を複製（コピー）して自分の分身を代入します。そのため、所有権は残ったままになります。前者のように所有権がムーブする代入をムーブセマンティクス、複製を作る代入をコピーセマンティクスといいます。

　ムーブセマンティクスとコピーセマンティクスのどちらになるかは型によって変わります。型の宣言時にとくに何も指定しなければムーブセマンティクスになります。詳細は本章の最後に説明しますが、構造体の型宣言の前に #[derive(Copy, Clone)] と書いた場合、コピーセマンティクスになります。

　前々節で述べた「f64 以外の型を引数や戻り値に使いたい場合は、別途考慮する事項があるため次節以降で説明します。」という一文の「別途考慮する事項」は、このムーブセマンティクスとコピーセマンティクスの違いなのでした。

> **COLUMN 引数の受け取り方まとめ**
>
> ・**可変参照**
>   渡された値を関数の中で書き換えるとき
>   ほかの関数に可変参照を渡す必要があるとき
> ・**値**
>   関数の中で値の所有権が必要なとき
>   コピーセマンティクスの値を受け取るとき
> ・**不変参照**
>   上記に当てはまらない場合

メモリに名前をつける

今度はメモリに0から9の番号ではなく任意の名前をつけて、memSUM+ のようにアクセスできるようにしてみましょう。

そのための準備として、まずはメモリ機能を構造体に切り出しましょう。

```rust
use std::io::stdin;
fn main() {
    // 変更
    let mut memory = Memory {
        slots: vec![0.0; 10],
    };
    let mut prev_result: f64 = 0.0;
    for line in stdin().lines() {
        // 1行読み取って空白なら終了
        let line = line.unwrap();
        if line.is_empty() {
            break;
        }
```

5-4 メモリ機能を拡張しよう   141

```rust
        // 空白で分割
        let tokens: Vec<&str>= line.split(char::is_whitespace).collect();
        // メモリへの書き込み
        let is_memory = tokens[0].starts_with( "mem" );
        if is_memory && tokens[0].ends_with('+') {
            add_and_print_memory(&mut memory, tokens[0], prev_result);
            continue;
        } else if is_memory && tokens[0].ends_with('-') {
            add_and_print_memory(
                &mut memory, // 変更
                tokens[0],
                -prev_result,
            );
            continue;
        }
        // 式の計算
        let left = eval_token(tokens[0], &memory);  // 変更
        let right = eval_token(tokens[2], &memory); // 変更
        let result = eval_expression(left, tokens[1], right);
        // 結果の表示
        print_output(result);
        prev_result = result;
    }
}

fn print_output(value: f64) {
    println!("  => {}", value);
}

// 追加
struct Memory {
    slots: Vec<f64>,
```

```
}

fn add_and_print_memory(
    memory: &mut Memory, // 変更
    token: &str,
    prev_result: f64,
) {
    let slot_index: usize = token[3..token.len() - 1].parse().unwrap();
    memory.slots[slot_index] += prev_result;  // 変更
    print_output(memory.slots[slot_index]);    // 変更
}

fn eval_token(token: &str, memory: &Memory) -> f64 { // 変更
    if token.starts_with("mem") {
        let slot_index: usize = token[3..].parse().unwrap();
        memory.slots[slot_index]  // 変更
    } else {
        token.parse().unwrap()
    }
}
// 後略
```

COLUMN　**タプル構造体**

　今回の **Memory** 構造体のようにフィールドの名前に大した意味のない場合、**struct Memory (Vec<f64>);** のようにフィールド名を省いた**タプル構造体**を定義することができます。タプル構造体の一部のフィールドにだけ名前をつけることはできません。タプル構造体のフィールドには、タプルと同様に **memory.0** のようにピリオド **.** のあとに添え字をつけることでアクセス可能です。

5-4　メモリ機能を拡張しよう

さて、今まで学んだ文法を使ってメモリに名前をつけるにはどうすればいいでしょうか？

例えば、メモリの名前とその値のペアの一覧を持っておく方法があります。実装してみましょう。

```rust
fn main() {
    let mut memory = Memory {
        // 最初、メモリには何も記録されていない
        slots: vec![],
    };

    // 略
}
struct Memory {
    // メモリの名前と値の組を配列で保存する
    slots: Vec<(String, f64)>,
}
fn add_and_print_memory(
    memory: &mut memory,
    token: &str,
    prev_result: f64
) {
    let slot_name = &token[3..token.len() - 1];
    // すべてのメモリを探索する
    for slot in memory.slots.iter_mut() {
        if slot.0 == slot_name {
            // メモリが見つかったので、値を更新・表示して終了
            slot.1 += prev_result;
            print_output(slot.1);
            return;
        }
    }
    // メモリが見つからなかったので、最後の要素に追加する
```

144　　　　第5章　関数とメソッドを扱えるようになろう [メモリ機能付き電卓]

```
        memory.slots.push((slot_name.to_string(), prev_result));
        print_output(prev_result);
    }
    fn eval_token(token: &str, memory: &Memory) -> f64 {
        if token.startswith("mem") {
            let slot_name = &token[3..];
            // すべてのメモリを探索する
            for slot in &memory.slots {
                if slot.0 == slot_name {
                    // メモリが見つかったので、値を返して終了
                    return slot.1;
                }
            }
            // メモリが見つからなかったので、初期値を返す
            0.0
        } else {
            token.parse().unwrap()
        }
    }
```

Memory 構造体の slot フィールドを **Vec<(String, f64)>** 型に変えてメモリの名前と値を保持するようにしました。**add_and_print_memory** 関数と **eval_token** 関数はともに **slot** の先頭要素から見ていって、最初に名前が一致する要素の値を使うようにしています。

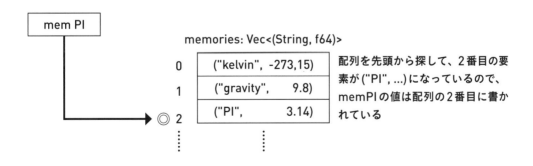

5-4 メモリ機能を拡張しよう

return というキーワードだけはここで初めて登場しますが、これは関数の実行を途中で打ち切る文です。add_and_print_value 関数のように値を返さない関数なら単に return; とだけ書きます。eval_token 関数のように値を返す関数では、return 戻り値; と return のあとに戻り値を続けて書きます。add_and_print_memory 関数の memory.slots.iter_mut() という書き方も初めて登場しますが、この iter_mut() は配列などの各要素の可変参照を1つずつ取っていく場合に使います。

さて、構造体に切り出したときの変更箇所と slot フィールドを Vec<(String, f64)> 型に変えたときの変更箇所を見比べてみましょう。まったく同じ関数を編集したことに気づいたでしょうか？ main 関数の先頭で memory を作るところは異なりますが、main 関数のそれ以外の実装や add_and_print_memory 関数と eval_token 関数の引数リストと戻り値はそのままに、add_and_print_memory 関数と eval_token 関数の実装だけが変わっています。

このように構造体に関係の深い関数のまとまりを明示する方法が Rust にはあります。構造体型の値に対して行う処理のことをメソッドと呼びます。メソッドはこのように定義します。なお、impl ブロックの中にはいくつもメソッドの定義を書くことができます。

```
impl 構造体名 {
    fn メソッド名(引数...) -> 戻り値の型 {
        処理
    }
}
```

関数とメソッドは処理のまとまりに名前をつけているという点で機能的によく似ていますし、また構文的にもよく似ています。同じ fn というキーワードを使いますし、fn 名前(引数...) -> 戻り値の型 { 処理 } の並びも同じです。戻り値のないメソッドには関数と同様に戻り値の型は書きません。

関数とメソッドの文法的な違いは、メソッドは必ず引数の最初に self を取ることです。self は必ずその構造体型になるため、self に型名はつけません。ただし、self として所有権と不変参照、可変参照のうちどれがほしいのか、状況によって変わります。所有権がほしい場合、不変参照がほしい場合、可変参照がほしい場合、それぞれ self, &self, &mut self という書き方になります。

それでは、先ほどのコードをメソッドに切り出してみましょう。

```rust
        // 略

        // メモリへの書き込み
        let is_memory = tokens[0].starts_with("mem");
        if is_memory && tokens[0].ends_with('+') {
            memory.add_and_print(tokens[0], prev_result);
            continue;
        } else if is_memory && tokens[0].ends_with('-') {
            memory.add_and_print(tokens[0], -prev_result);
            continue;
        }
        // 式の値の計算
        let left = memory.eval_token(tokens[0]);
        let right = memory.eval_token(tokens[2]);
        let result = eval_expression(left, tokens[1], right);
        // 結果の表示
        print_output(result);
        prev_result = result;
    }
}

fn print_output(value: f64) {
    println!("  => {}", value);
}

struct Memory {
    // メモリの名前と値の組を配列で保存する
    slots: Vec<(String, f64)>,
}
```

5-4　メモリ機能を拡張しよう　　　147

```rust
impl Memory {
    fn add_and_print(&mut self, token: &str, prev_result: f64) {
        let slot_name = &token[3..token.len() - 1];
        // すべてのメモリを探索する
        for slot in self.slots.iter_mut() {
            if slot.0 == slot_name {
                // メモリが見つかったので、値を更新・表示して終了
                slot.1 += prev_result;
                print_output(slot.1);
                return;
            }
        }
        // メモリが見つからなかったので、最後の要素に追加する
        self.slots.push((slot_name.to_string(), prev_result));
        print_output(prev_result);
    }

    fn eval_token(&self, token: &str) -> f64 {
        if token.starts_with("mem") {
            let slot_name = &token[3..];
            // すべてのメモリを探索する
            for slot in &self.slots {
                if slot.0 == slot_name {
                    // メモリが見つかったので、値を返して終了
                    return slot.1;
                }
            }
            // メモリが見つからなかったので、初期値を返す
            0.0
        } else {
            token.parse().unwrap()
        }
```

```
    }
}

fn eval_expression(left: f64, operator: &str, right: f64) -> f64 {
    // 略
}
```

　変更した箇所は、まず add_and_print_memory 関数と eval_token 関数を Memory 構造体のメソッドに変えました。そして、main 関数内でこれらの関数を呼び出していた箇所を、メソッドの呼び出しに変更しています。メソッドの呼び出しは **self に渡す値 . メソッド名 (引数 ...)** の形で書きます。これまで starts_with や parse など、ピリオド . の後ろに関数呼び出しのような構文が続く書き方をたくさん見てきましたが、これらはすべてメソッドの呼び出しだったのです。

　おまけとして、メモリに対して **add** と **print** する対象といえばメモリの値に決まっているので、メソッド名を add_and_print_memory から add_and_print に変更しています。

　こうして Memory 構造体に関係の深い操作をメソッドとして抽出したことで、Memory 構造体に関係する変更はすべて Memory 構造体の定義かメソッド定義に収まることになりました。変更箇所がわかりやすくなって、めでたしめでたしです。

　……本当にそうでしょうか？ main 関数の冒頭の let mut memory = …の部分だけは Memory 構造体に変更があったときの影響を受けてしまいます。この部分も Memory 構造体の中にまとめられないでしょうか？

　実は、impl ブロックの中には、**self** を引数に取らない関数を含めることができます。このような関数のことを、その構造体に関係の深い関数という意味で**関連関数**と呼びます。関連関数の典型的な使用例は、今のように構造体型の新しい値を作成する関数です。

　関連関数を使って書き直してみましょう。関連関数は **型名 :: 関数名 (引数 ...)** の形で呼び出します。

5-4　メモリ機能を拡張しよう　　149

```rust
fn main() {
    let mut memory = Memory::new();
    // 略
}
impl Memory {
    fn new() -> Self {
        Self {
            slots: vec![],
        }
    }
    // 略
}
```

これでようやく、**Memory** 構造体を変更してもその変更が **Memory** 構造体の中で完結する（**Memory** 構造体の中で変更が閉じている、と呼ぶことがあります）ようになりました。

それでは早速、メソッドと関連関数にまとめた威力を感じてもらうことにしましょう。**Memory** 構造体をより効率的な実装に変えたいと思います。

これまで、**Memory** 構造体の内部でのメモリの一覧の管理には **Vec<(String, f64)>** 型を使っていました。これは、メモリの名前からメモリの値を検索したかったからです。一方、メモリに名前をつけられるようにする前の0〜9の番号でアクセスしていたときには、**Vec<f64>** で管理していました。これは、メモリの番号からメモリの値を検索したかったからです。

配列は0以上の整数からその要素の値を検索できるデータ構造ですが、整数以外の値から要素の値を検索できるデータ構造として、**連想配列**（別名として、連想リスト、辞書、ディクショナリ、マップなどとも呼ぶ）があります。検索に使う値としては、もはや数ですらない文字列なども使えます。

Rust で連想配列を表す型は **HashMap** 型です。**HashMap** を使うことで、上記の実装よりもはるかに少ないコード量でより速く値の検索ができます。

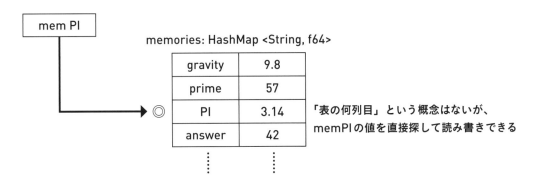

「表の何列目」という概念はないが、memPIの値を直接探して読み書きできる

早速使ってみましょう。

```rust
use std::collections::{hash_map::Entry, HashMap};

struct Memory {
    slots: HashMap<String, f64>,
}

impl Memory {
    fn new() -> Self {
        Self {
            slots: HashMap::new(),
        }
    }

    fn add_and_print(&mut self, token: &str, prev_result: f64) {
        let slot_name = token[3..token.len() - 1].to_string();
        match self.slots.entry(slot_name) {
            Entry::Occupied(mut entry) => {
                // メモリが見つかったので、値を更新・表示して終了
                *entry.get_mut() += prev_result;
                print_output(*entry.get());
            }
            Entry::Vacant(entry) => {
```

5-4 メモリ機能を拡張しよう

```
            // メモリが見つからなかったので、要素を追加する
            entry.insert(prev_result);
            print_output(prev_result);
        }
    }
}
```

```
fn eval_token(&self, token: &str) -> f64 {
    if token.starts_with("mem") {
        let slot_name = &token[3..];
        // self.slots.get(slot_name) の戻り値は Option<&f64>
        // Option の中身が参照のままでは値を返せない
        // そのため、copied()メソッドで Option<f64> 型に変える
        // また、メモリが見つからなかった場合の値として 0.0 を使う
        self.slots.get(slot_name).copied().unwrap_or(0.0)
    } else {
        token.parse().unwrap()
    }
}
```

Memory 構造体の外側に何も変更を加えていないにもかかわらず、効率的な実装に変えることができました。

add_and_print メソッドと eval_token メソッドの実装がともに見慣れない match 式の記法になっていますが、これについて詳しくは次節以降で説明します。ここではひとまず、次のように認識していれば大丈夫です。

- 新しい要素を挿入することがあるときは entry メソッドを呼び出す
  - Entry::Occupied はすでに連想配列に要素があった場合の処理、Entry::Vacant は要素がなかった場合の処理。それに続く () の中身の変数を使うと、get メソッドや get_mut メソッドで値を取り出したり、insert メソッドで値を挿入できたりする
  - entry メソッドには所有権ごと引数を渡すことに注意
- 単に値を取得するだけの場合は get メソッドを呼び出す
  - Some は連想配列に要素があった場合の処理、None は要素がなかった場合の処理。Some に続く () の中身は、保存されている値への参照

最後に、よりよいコードにするためにコードを整理しましょう。

まず eval_token メソッドですが、「メモリがトークンにひも付く値を評価して返す」のはなんだかおかしな話です。メモリの担うべき責務は、「メモリの値を正しく保存・取得できること」です。そこで、メモリの値を取得する get メソッドを追加して、eval_token メソッドは普通の関数に戻してしまいましょう。

そして add_and_print メソッドですが、「メモリの値を正しく保存・取得できる」という責務からすると変更後の値を表示するのはやはり処理として余分です。そこで、add_and_print メソッドは add メソッドに名前を変えて処理後の値を返すことにし、表示処理は外側でやってもらうことにしましょう。

どちらのメソッドもメモリ名の切り出し処理をどこでやるか悩ましいところですが、「メモリ名の指定方法は将来的に変わりうるだろう」と考え、これもメソッドの外に出してしまうことにします。

5-4　メモリ機能を拡張しよう　153

COLUMN　ジェネリクスとトレイト

　Memory 構造体の slots フィールドの型が、HashMap ではなく HashMap<String, f64> になっていることに気づいたでしょうか？　配列の型名（例えば String 型の配列なら Vec<String>）と似た記法になっていますが、<> で囲われた部分に含まれる型の数が2つに増えています。　HashMap においては、1つ目の型は連想配列から検索するためのキーの型、2つ目の型はキーに対応する値の型を表しています。

　HashMap と Vec のどちらも似た記法になっているのは、どちらもジェネリクスと呼ばれる機構を使って定義されているからです。

　詳細な説明は本書の範囲を逸脱するためここでは最低限の説明にとどめますが、一言で言うと「フィールドや引数などの型を埋めるだけで、その型専用の構造体や関数が作られる仕組み」です。

　配列や連想配列は、要素として持ちたい値の型が使う側の都合によって変わります。例えばひとくちに整数の配列と言っても要素の型は i32 だったり u64 だったりと変わりますし、自分で定義した構造体を要素とする配列を作りたい場合もあります。

　このとき、ジェネリクスがないと、要素の型が変わるごとに型を自分で定義することになってしまいます。このような状況では、シンプルにコードの行数がかさ増しされて見づらいですし、使いたい型のデータ構造や実装について詳しく知る必要が出てきてしまいます。

```
// i32専用配列
struct Vec_i32 { … }
impl Vec_i32 {
    fn new() -> Vec_i32 { … }
    fn len(&self) -> usize { … }
    …
}
// u64専用配列
struct Vec_u64 { … }
impl Vec_u64 {
    fn new() -> Vec_u64 { … }
    fn len(&self) -> usize { … }
    …
}
```

```
// 自分で定義した構造体専用配列
struct MyStruct;
struct Vec_MyStruct { … }
impl Vec_MyStruct {
    fn new() -> Vec_MyStruct { … }
    fn len(&self) -> usize { … }
    …
}
```

そこで、「この部分にはどんな型が来てもよい」というプレースホルダー（**型引数**）を設けて型を定義しておくことで、個別に行う必要のあった実装をひとまとめにすることができます。

```
// ひとまとめにした配列型
struct Vec<T> { … }
// このimplブロックの中では、複数回現れるTは必ず同じ型を指す
impl<T> Vec<T> {
    fn new() -> Vec<T> { … }
    fn len(&self) -> usize { … }
    …
}
```

型引数を持てるのは型定義だけでなく関数やメソッドも同じで、このように書けます。

```
// ひとまとめにした関数
// この関数の中では、複数回現れるTは必ず同じ型を指す
fn some_function<T>(arg1: T, arg2: String) -> T {
    // ...
}
```

さて、いくら「この部分にはどんな型が来てもよい」というプレースホルダーを設けられるとはいえ、本当にどんな型でも型引数に渡せてしまうと困ったことが起きます。

例えば、引数を2つ取って、引数の値の大小関係に応じて1, 0, -1のいずれかの値を返す関数 **compare** を考えます。引数として文字列を渡すのであれば、文字列は辞書順に大小比較できるので問題ありません。

ところが、文字列ではなく複素数になると事情が変わります。複素数の数学的な大小関係は定義できないため、そもそも **compare** という関数を考えること自体が無意味です。そのため、大小関係の定義できない値は **compare** 関数に渡せないようにしたいです。

```rust
// 大小関係に応じて、1, 0, -1のどれかを返す関数
// ※この関数はコンパイルエラー
fn compare<T>(left: &T, right: &T) -> i32 {
    if left < right {
        -1  // left のほうが right より小さければ -1
    } else if left > right {
        1   // left のほうが right より大きければ 1
    } else {
        0   // どちらでもない (left と right が等しい) なら 0
    }
}


// 実際に使ってみる
let left = "abc".to_string();
let right = "def".to_string();
// OK。文字列は比較できるので、compare関数に渡せるのは期待通り
let ordering = compare(&left, &right);


// 複素数型
struct Complex {
    re: f64,  // 実部
    im: f64,  // 虚部
}


// 実際に使ってみる
let left = Complex { re: 1.0, im: 0.0 };  // left = 1
let right = Complex { re: 0.0, im: 1.0 }; // right = i
// NG。複素数に大小関係はないのでcompare関数に渡せないようにしたい
let ordering = compare(&left, &right);
```

156　　第5章　関数とメソッドを扱えるようになろう [メモリ機能付き電卓]

大小関係の話に限らず、特定の操作ができる型だけを型引数として渡せるように制限したい場面がよくあります。この制約条件のことを、**型制約**といいます。型制約を表すのに必要なのが、この型の値にどのような操作ができるのかまとめた**トレイト（trait）**です。

　例えば、標準ライブラリの **Ord** トレイトは、値の大小比較と **==** や **!=** での比較ができるトレイトとして定義されています。そこで、先ほどの **compare** 関数の型制約に **T: Ord** を加えることで、大小比較などのできない型は **compare** 関数に渡せないようにできます。

```rust
// 大小関係に応じて、1, 0, -1のどれかを返す関数
// この関数はコンパイルできる
fn compare<T>(left: &T, right: &T) -> i32
where T: Ord {   // T に対する型制約
    if left < right {
        -1   // left のほうが right より小さければ -1
    } else if left > right {
        1    // left のほうが right より大きければ 1
    } else {
        0    // どちらでもない（left と right が等しい）なら 0
    }
}


// 実際に使ってみる
let left = "abc".to_string();
let right = "def".to_string();
// OK。String型はOrdトレイトを実装している
let ordering = compare(&left, &right);


// 複素数型
struct Complex {
    re: f64,  // 実部
    im: f64,  // 虚部
}


// 実際に使ってみる
let left = Complex { re: 1.0, im: 0.0 };  // left = 1
let right = Complex { re: 0.0, im: 1.0 }; // right = i
// コンパイルエラー。Complex型はOrdトレイトを実装していない
```

5-4　メモリ機能を拡張しよう　　157

```
let ordering = compare(&left, &right);
```

　代表的なトレイトとしては、**Ord** のほかに **PartialOrd, Eq, PartialEq, Clone, Copy, Iterator, IntoIterator, ToString, Display, Debug, From, Into** があります。

　中にはコンパイラにとって特別な意味を持つトレイトがあります。例えば **Copy** トレイトを実装すると、本節の中ほどで登場した、「ムーブセマンティクス」ではなく「コピーセマンティクス」を採用してください、という指示になります。一部のトレイトは条件がそろえば型宣言の前に **#[derive(...)]** と書くことで自動的に実装できるのですが、「構造体の型宣言の前に **#[derive(Copy, Clone)]** と書いた場合」とはまさに、**Copy** トレイト（と **Clone** トレイト。**Copy** トレイトの実装には **Clone** トレイトが必要です）を実装することでコピーセマンティクスに切り替えよ、という指示だったわけです。なお、**Copy** トレイトそれ自身には（**Clone** トレイトに含まれるものを除いて）固有のメソッドはないのですが、このようにコンパイラに指示を与えるためだけの空のトレイトは**マーカートレイト**と呼ばれます。

　型制約とトレイトについては、別の見方もできます。型制約のない状態では、その型の値に対してどのような操作ができるかわからないため、ジェネリクスの内部ではその型の値に対してできる操作はありません。そこから型制約をつけてどのトレイトを実装しているか明示することで、そのトレイトに含まれているメソッドを使うことができるようになります。したがって、ジェネリクスを使う側から見ると、型制約というのはたしかに渡せる型の種類に対する制約条件になっているのですが、一方でジェネリクスを定義する側から見ると、ジェネリクスの内部でできる操作が増えるという意味で条件の緩和になっているのです。

　このようにジェネリクスを使う側と定義する側とで型制約に対する見方が正反対になることから、中立的な表現として型制約のことを**トレイト境界**と呼ぶこともあります。

第5章　関数とメソッドを扱えるようになろう［メモリ機能付き電卓］

SECTION 5-5 複雑な数式を計算できるようにしよう

前節までの実装で、メモリ機能付き電卓の基本的な機能は完成しました。本節では、演算子が1つしかない場合だけでなく、普通の加減乗除と括弧を含む複雑な式を計算できるようにしましょう。

なお、本節の後半の内容は難しいため、読み飛ばして次の章に進んでも構いません。

トークンの意味を解釈する場所を整理する

前節では、トークンの意味の解釈を eval_token, eval_expression, main の各関数の中でバラバラに行っていました。 メモリ操作だけ見ても、mem で始まっていたらメモリの読み出し、+ や - で終わっていたらメモリの更新だ、という解釈がバラバラの関数で行われています。トークンの意味の解釈とトークンの内容に応じて行う操作とを明確に分けることで、プログラムの見通しがよくなります。

現時点で登場しているトークンは、次のとおりです。

- 数値
- メモリの値の更新（mem で始まって + か - で終わる文字列）
- メモリの値の参照（上記に該当しない、mem で始まる文字列）
- 加減乗除の記号（+-*/）

これらの文字列をあらかじめ列挙体で表したトークンに変換するようにすると、このようなコードになります。

```
fn main() {
    let mut memory = Memory::new();
    let mut prev_result: f64 = 0.0;
```

```rust
for line in stdin().lines() {
    // 1行読み取って空白なら終了
    let line = line.unwrap();
    if line.is_empty() {
        break;
    }
    // トークン列に分割
    let tokens = Token::split(&line);
    // 式の評価
    match &tokens[0] {
        Token::MemoryPlus(memory_name) => {
            // メモリへの加算
            let memory_name = memory_name.to_string();
            let result = memory.add(memory_name, prev_result);
            print_output(result);
        }
        Token::MemoryMinus(memory_name) => {
            // メモリへの減算
            let memory_name = memory_name.to_string();
            let result = memory.add(memory_name, -prev_result);
            print_output(result);
        }
        _ => {
            // 式の値の計算
            let left = eval_token(tokens[0], &memory);
            let right = eval_token(tokens[2], &memory);
            let result = eval_expression(left, tokens[1], right);
            // 結果の表示
            print_output(result);
            prev_result = result;
        }
    };
```

```rust
        }
    }
    struct Memory {
        slots: HashMap<String, f64>,
    }
    impl Memory {
        fn new() -> Self {
            Self {
                slots: HashMap::new(),
            }
        }
        fn add(&mut self, slot_name: String, prev_result: f64) -> f64 {
            match self.slots.entry(slot_name) {
                Entry::Occupied(mut entry) => {
                    // メモリが見つかったので、値を更新・表示して終了
                    *entry.get_mut() += prev_result;
                    *entry.get()
                }
                Entry::Vacant(entry) => {
                    // メモリが見つからなかったので、要素を追加する
                    entry.insert(prev_result);
                    prev_result
                }
            }
        }
        fn get(&self, slot_name: &str) -> f64 {
            self.slots.get(slot_name).copied().unwrap_or(0.0)
        }
    }
    #[derive(Debug, PartialEq)]
    enum Token {
        Number(f64),
```

5-5 複雑な数式を計算できるようにしよう　　　161

```rust
    MemoryRef(String),

    MemoryPlus(String),

    MemoryMinus(String),

    Plus,

    Minus,

    Asterisk,

    Slash,

}
impl Token {

    fn parse(value: &str) -> Self {

        match value {

            "+" => Self::Plus,

            "-" => Self::Minus,

            "*" => Self::Asterisk,

            "/" => Self::Slash,

            _ if value.starts_with("mem") => {

                let mut memory_name = value[3..].to_string();

                if value.ends_with('+') {

                    memory_name.pop();  // 末尾の1文字を削除

                    Self::MemoryPlus(memory_name)

                } else if value.ends_with('-') {

                    memory_name.pop();  // 末尾の1文字を削除

                    Self::MemoryMinus(memory_name)

                } else {

                    Self::MemoryRef(memory_name)

                }

            }

            _ => Self::Number(value.parse().unwrap()),

        }

    }

    fn split(text: &str) -> Vec<Self> {

        text.split(char::is_whitespace)
```

```rust
            .map(Self::parse)
            .collect()
    }
}
fn eval_token(token: &Token, memory: &Memory) -> f64 {
    match token {
        Token::Number(value) => {
            // 数値を表しているので、その値を返す
            *value
        }
        Token::MemoryRef(memory_name) => {
            // メモリを参照しているので、メモリの値を返す
            memory.get(memory_name)
        }
        _ => {
            // 入力が正しいならここには来ない
            unreachable!()
        }
    }
}
fn eval_expression(left: f64, operator: &Token, right: f64) -> f64 {
    match operator {
        Token::Plus => left + right,
        Token::Minus => left - right,
        Token::Asterisk => left * right,
        Token::Slash => left / right,
        _ => {
            // 入力が正しいならここには来ない
            unreachable!()
        }
    }
}
```

5-5　複雑な数式を計算できるようにしよう　　163

新しく追加したのが Token 列挙体です。以前の実装では、main 関数の is_memory && tokens[0].endswith('+') や eval_token 関数の token.startswith("mem") といった、意図を読み取るのに一瞬迷うコードがありました。これらがすべて Token::parse 関数にまとまりました。なお、前節のメソッドや関連関数は構造体だけでなく列挙体にも定義することができます。さらに、列挙体の各列挙子には値を添付することができます。添付された値は列挙子名の後ろの括弧内に書きます。ここでは登場していませんが複数の値を添付することも可能で、そのときはカンマで区切って書きます。前節の後半の match 式に出てきた Entry::Occupied(mut entry) や Entry::Vacant(entry), Some(value) は、すべて値の添付された列挙子だったわけです。

その他の変更はすべて、トークンを文字列ではなく列挙体として受け取るようにすることに伴う変更です。 eval_token 関数は Token 列挙体のメソッドにしてもよかったのですが、後の実装の都合で独立した関数のまま残しています。

また、トークンの意味を解釈する場所が 1 カ所にまとまっただけでなく、次のような副次的な効果もあります。

- トークンの書き方の仕様を変えたくなったときでも Token::parse 関数や Token::split 関数を変えるだけで済む
    - 例：mem と書くのは長いので、単に m と書けばいいことにしたい
    - 例：今まで必ず空白区切りで式を入力してもらう仕様にしていたが、空白で区切らなくても済むようにしたい
- 異常な入力が来たときに、処理エラーの原因が入力にあることが明確になる
    - 例：123 + - と入力されたとき、以前の実装では - を数値に変換しようとしてエラーになるが、新しい実装では「 - という記号が変な場所にいる」というエラーになる

ところで、Token::parse 関数の match 式に見慣れない書き方が登場しているのに気づいたでしょうか？　実は match 式は単に値が一致するかどうかだけでなく、追加の条件式を書くことができます。

【発展】括弧のない式を計算しよう

ここからが本題です。いきなり括弧を含む式を計算するのは難しいので、まずは括弧のない式を計算できるようにしましょう。

例として 1 * 2 * 3 - 4 * 5 + 6 * 7 + 8 * 9 という式を考えます。この式はどんな構造になっているでしょうか？　整理すると、この図のようになります。

$$1 * 2 * 3 \quad - \quad 4 * 5 \quad + \quad 6 * 7 \quad + \quad 8 * 9$$

式全体を見ると加減算の繰り返しになっていて、その中に乗除算の繰り返しになっている部分が含まれる形になっています。加減算のない 7 * 11 * 13 のような式でも、加減算が0回繰り返されていると考えると同じ構造です。

したがって、演算子の優先順位を考慮して式の値を計算するには、おおまかに示すとこのような関数が書ければよいとわかります。

```
fn 式全体の計算(式全体) -> f64 {
    加減算の計算(式全体)
}


fn 加減算の計算(計算するトークンのリスト) -> f64 {
    let mut result = 0.0;
    for 乗除算の塊 in 分割したトークンの塊 {
        let term_value = 乗除算の計算(乗除算の塊);
        if 足し算なら {
```

5-5　複雑な数式を計算できるようにしよう　　　165

```
            result += term_value;
        } else {
            result -= term_value;
        }
    }
    result
}


fn 乗除算の計算(計算するトークンのリスト) -> f64 {
    ???
}
```

　問題はどうやってトークンのリストから乗除算だけ行う塊を切り出すか、という点です。実は
これはとても単純な方法で実装できます。

　1 * 2 * 3 - 4 * 5 + 6 * 7 + 8 * 9 という式に戻って考えます。式の先頭から見ていったときに、
どこまでが乗除算の塊でしょうか？　最初に ***/** 以外の記号が出てくる手前の **1 * 2 * 3** まで
です。次の塊はどうでしょうか？　**4** から見始めてやはり最初に ***/** 以外の記号が出てくる手前の
4 * 5 までです。このように、最初に ***/** 以外の記号が出てくる箇所を区切れ目として扱うことで、
乗除算だけ行う塊に切り出せます。

　ここから実装に落とし込むと、次のようになります。

```
fn main() {
    // 略


    // この2行は削除
    // let left = eval_token(tokens[0], memory);
    // let right = eval_token(tokens[2], memory);
    let result = eval_expression(&tokens, &memory); // 変更


    // 略
```

```rust
}

fn eval_expression(tokens: &[Token], memory: &Memory) -> f64 {
    eval_additive_expression(tokens, memory)
}
fn eval_additive_expression(
    tokens: &[Token],
    memory: &Memory
) -> f64 {
    let mut index = 0;
    let mut result;
    (result, index) = eval_multiplicative_expression(
        tokens,
        index,
        memory,
    );
    while index < tokens.len() {
        match &tokens[index] {
            Token::Plus => {
                let (value, next) = eval_multiplicative_expression(
                    tokens,
                    index + 1,
                    memory,
                );
                result += value;
                index = next;
            }
            Token::Minus => {
                let (value, next) = eval_multiplicative_expression(
                    tokens,
                    index + 1,
                    memory,
```

5-5　複雑な数式を計算できるようにしよう　　167

```rust
            );
            result -= value;
            index = next;
        }
        _ => break,
    }
}
result
}
fn eval_multiplicative_expression(
    tokens: &[Token],
    index: usize,
    memory: &Memory
) -> (f64, usize) {
    let mut index = index;
    let mut result = eval_token(&tokens[index], memory);
    index += 1;
    while index < tokens.len() {
        match &tokens[index] {
            Token::Asterisk => {
                result *= eval_token(&tokens[index + 1], memory);
                index += 2;
            }
            Token::Slash => {
                result /= eval_token(&tokens[index + 1], memory);
                index += 2;
            }
            _ => break,
        }
    }
    (result, index)
}
```

実行してみて 1 * 2 * 3 - 4 * 5 + 6 * 7 + 8 * 9 の計算結果として 100 が出力されれば成功です。

　さて、この実装を前述の実装の大枠と比較すると、式全体の計算が eval_expression 関数、加減算の計算が eval_additive_expression 関数、乗除算の計算が eval_multiplicative_expression 関数に対応しています。

　それぞれの関数を詳しく見ていきます。

　まず eval_multiplicative_expression 関数は、値の計算と乗除算の塊への切り出しとを同時に行っています。実装の大枠では eval_additive_expression 関数の中で乗除算の塊を切り出すかのように書いていましたが、eval_multiplicative_expression 関数が乗除算の塊の計算結果と呼び出し元が次に見るべきトークンの位置とを両方返すことによって、「乗除算に関してはこの関数にすべて任せてください」という責任の分解ができたことになります。また、以前の実装では main 関数の中で eval_token 関数を呼び出していましたが、トークンを left や right と名前をつけてあらかじめ値を計算しておくことが難しくなったため、eval_token 関数は eval_multiplicative_expression 関数の中で呼ぶように変更しています。

　また eval_additive_expression 関数は、eval_multiplicative_expression 関数で計算された式の値を足し引きし、同時に返された「次に見るべきトークンの位置」を基に現在のトークンの位置を繰り返すことによって値を計算しています。

　最後に eval_expression 関数は、内部で eval_additive_expression 関数を呼び出しているだけです。数式の値を計算してもらいたい呼び出し側からすると、式全体が加減算の繰り返しでできているかどうかはあまり興味がありません。それに、式全体が加減算の繰り返しでできているかどうかは入力できる式の仕様によって変わります（例えば mem = 1 + 1 といった書き方でメモリに直接値を代入できるようにしたくなった場合を考えてみましょう）。そのため、式の仕様を呼び出し側から隠蔽するために、より広範囲の式を計算できそうな eval_expression という名前の関数を用意し、式計算の窓口としているわけです。もしメモリに直接値を代入できるように文法を拡張したくなったら、呼び出し元のコードはほとんど変えずに eval_expression 関数の実装だけ変えればよいです※6。余談ですが、このように詳細な実装を覆い隠す、あるいは関

※6　今の eval_expression 関数ではメモリの内容を変更できないため、メモリに値を直接代入できるようにする場合、正確にいえば eval_expression(&tokens, &mut memory) のように呼び出し方を変えてもらう必要があります。

5-5　複雑な数式を計算できるようにしよう　　169

数を簡単に使えるようにする、などといった目的で置かれる関数のことを、**ラッパー関数**（wrapper function）と呼ぶことがあります。

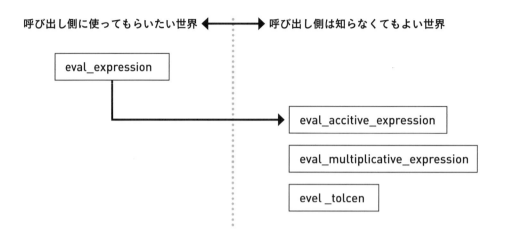

【発展】括弧付きの式を計算しよう

　最後に、括弧のある式を計算できるようにしましょう。例として、1 + 2 + 3 + 4 + (5 + 6 + 7 - 8) * 9 という式を考えます。この式はどんな構造になっているでしょうか？　整理すると、この図のようになります。

　式全体を見ると加減算の繰り返しになっていて、その中に乗除算の繰り返しがある、という構造は括弧なしのときと変わりません。異なるのは、その乗除算の繰り返しの中にさらに加減算の繰り返し、つまり式全体と同じ構造が現れるという点です。このように、ある構造を分解して見たとき、その中に全体と同じ構造が入れ子になって現れることを、再帰的な構造になっていると言います。

このような再帰的な構造の式を計算するにはどうすればいいでしょうか？　再び実装の大枠を考えてみましょう。括弧のない場合と同様に考えると、トークン1個だけの場合でも式の塊と見なすことで、次のような実装ができればよいとわかります。

```
fn 式全体の計算(式全体) -> f64 {
    加減算の計算 (式全体)
}
fn 加減算の計算(計算するトークンのリスト) -> f64 {
    let mut result = 0.0;
    for 乗除算の塊 in 分割したトークンの塊 {
        let term_value = 乗除算の計算(乗除算の塊);
        if 足し算なら {
            result += term_value;
        } else {
            result -= term_value;
        }
    }
    result
}
fn 乗除算の計算(計算するトークンのリスト) -> f64 {
    let mut result = 1.0;
    for 式の塊 in 分割したトークンの塊 {
        let term_value = 式の塊の計算(式の塊);
        if 掛け算なら {
            result *= term_value;
        } else {
            result /= term_value;
        }
    }
    result
}
fn 式の塊の計算(計算するトークンのリスト) -> f64 {
```

5-5　複雑な数式を計算できるようにしよう　　171

```
    トークンの値の計算

    もしくは、括弧の中身の式すなわち加減算の計算

}
```

これをどのように実装すればいいでしょうか？

　括弧のない場合では、**加減算の計算** から呼び出されている **乗除算の計算** の部分が計算結果と次に見るべきトークンの位置を返すことで、「乗除算に関してはこの関数にすべて任せてください」という責任の分解ができてうまく動作するようになっていました。同じように、**乗除算の計算** の部分から呼び出されている **式の塊の計算** の部分が「式の塊に関してはこの関数にすべて任せてください」、**式の塊の計算** の部分から呼び出されている **加減算の計算** の部分が「加減算に関してはこの関数にすべて任せてください」という状態にできればよさそうです。

　ということで、**加減算の計算** と **式の塊の計算** を **乗除算の計算** にそろえるようにして実装してみましょう。**Token** 列挙体に **LParen** と **RParen**（開き括弧と閉じ括弧）を追加し忘れないように注意しましょう。

```
enum Token {
    // 略
    LParen,
    RParen,
}
impl Token {
    fn parse(value: &str) -> Self {
        match value {
            "(" => Self::LParen,
            ")" => Self::RParen,
            // 略
        }
    }
}
```

172　　第5章　関数とメソッドを扱えるようになろう［ メモリ機能付き電卓 ］

```rust
fn eval_expression(tokens: &[Token], memory: &Memory) -> f64 {
    let (result, index)
        = eval_additive_expression(tokens, 0, memory);
    // 正しく計算できていたら、indexは式の末尾を指しているはず
    assert_eq!(tokens.len(), index);
    result
}
fn eval_additive_expression(
    tokens: &[Token],
    index: usize,
    memory: &Memory
) -> (f64, usize) {
    let mut index = index;
    let mut result;
    // 略
fn eval_multiplicative_expression(
    tokens: &[Token],
    index: usize,
    memory: &Memory
) -> (f64, usize) {
    let mut index = index;
    let mut result;
    (result, index) = eval_primary_expression(
        tokens,
        index,
        memory,
    );
    while index < tokens.len() {
        match &tokens[index] {
            Token::Asterisk => {
                let (value, next) = eval_primary_expression(
                    tokens,
```

5-5　複雑な数式を計算できるようにしよう　　173

```rust
                    index + 1,
                    memory,
                );
                result *= value;
                index = next;
            }
            Token::Slash => {
                let (value, next) = eval_primary_expression(
                    tokens,
                    index + 1,
                    memory,
                );
                result /= value;
                index = next;
            }
            _ => break,
        }
    }
    (result, index)
}
fn eval_primary_expression(
    tokens: &[Token],
    index: usize,
    memory: &Memory
) -> (f64, usize) {
    let first_token = &tokens[index];
    match first_token {
        Token::LParen => {
            // 開き括弧で始まっているので、括弧の次のトークンから式を計算する
            let (result, next) = eval_additive_expression(
                tokens,
                index + 1,
```

```
                memory
        );
        // tokens[next]は閉じ括弧になっているはず
        // assert_eq!は第8章で登場します
        assert_eq!(Token::RParen, tokens[next]);
        // 閉じ括弧のぶん1トークン進めた位置を返す
        (result, next + 1)
    }
    Token::Number(value) => {
        // 数値を表しているので、その値と次の位置を返す
        (*value, index + 1)
    }
    Token::MemoryRef(memory_name) => {
        // メモリを参照しているので、メモリの値と次の位置を返す
        (memory.get(memory_name), index + 1)
    }
    _ => {
        // 入力が正しいならここには来ない
        unreachable!()
    }
    }
}
```

変更したのは eval_expression, eval_additive_expression, eval_multiplicative_expression, eval_token の各関数です。eval_token はもはやトークンの値の計算とはいえないので、eval_primary_expression に名前を変更しています。

各関数の変更内容を見ていきましょう。

まずは eval_additive_expression 関数です。加減算の繰り返しの部分が式全体を指すとは限らなくなったため、eval_multiplicative_expression 関数と同様に式の計算を開始する位置を受け取るようにし、さらに括弧付きの式の計算の際に閉じ括弧の位置がわかるよう次に見るべ

きトークンの位置も返すようにしました。

　eval_expression 関数の変更は基本的に eval_additive_expression 関数の変更に伴うものです。最後のトークンの位置がわかるようになったので、おまけとして、式全体を計算できているかチェックするようにもしています。

　次に、eval_multiplicative_expression 関数です。これまでは乗除算する値は必ず1トークンだったので index には固定値の2（演算子と値とで2トークン）を加えていました。しかし、括弧が加わることによってトークン数が可変になるため、eval_additive_expression 関数と同様に eval_primary_expression 関数から返される位置を使うようにしています。結果的に eval_addtive_expression 関数と eval_multiplicative_expression 関数はとても似通った実装になりました。

　最後に、eval_token 関数改め eval_primary_expression 関数です。この関数では先頭のトークンの種類を見て、数値やメモリ参照ならその値を返します。開き括弧の場合は、その次のトークンから、加減算の繰り返しの式として値を計算します。 eval_additive_expression 関数は閉じ括弧を処理できないので、eval_additive_expression 関数から返される位置は閉じ括弧を指しているはずです。ここでは念のため本当に閉じ括弧を指しているかどうかのチェックもしています。

　さて、これらの関数は、eval_additive_expression → eval_multiplicative_expression → eval_primary_expression → eval_additive_expression → eval_multiplicative_expression → eval_primary_expression → eval_additive_expression → … のように回り回って自分自身を呼び出す構造になっています。このように、自分自身の実装の中で（直接的にか間接的にかは問わず）自分自身を呼び出している処理のことを**再帰的な処理**と呼びます。再帰的な処理を行っている関数のことをとくに**再帰関数**と呼びます。

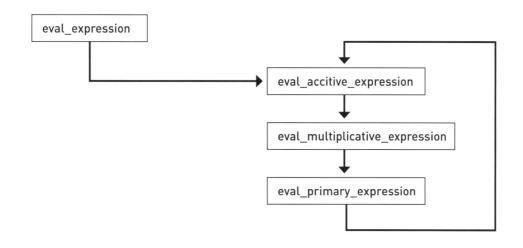

再帰的な処理は、関数やメソッドを使わないと書きにくい処理の一つです。再帰的な処理はコードを追うのが難しく避けられることが多いですが、本章で扱った数式のように再帰的な構造を扱う場合にはとても自然な書き方ができます。

まとめ

本章では、メモリ機能付き電卓を実装しながら、関数とメソッドを中心に、値渡しと参照渡し、所有権システムについて学びました。

本章で扱った文法は Rust の実用的なプログラムのありとあらゆる箇所で使われていて、とくに所有権システムは Rust が Rust たるゆえんと言っても過言ではありません。

ところで本章は内容が盛りだくさんなことに加え、この所有権システムの話を筆頭に抽象的な話が多く、追いつくのが大変だったかもしれません。

そのようなときは、全部理解してからプログラムと向き合うのではなく、理解できていない箇所があったとしても本章で作成したプログラムを少し改造してみるなどして、とにかく手を動かしながら理解を深めていく姿勢が重要です。プログラムを書けるようになるという意味では、抽象的な理屈だけでなく慣れの部分も大きいのです。

第 6 章

ファイル入出力のあるコマンドラインツール
を作れるようになろう
［ 家計簿プログラム ］

ここまでは、プログラムの実行ごとに独立したプログラムを扱って
きました。本章では家計簿プログラムを作りながら、データの入出
力先としてプログラムを終了したときに消えてしまうメモリではな
く、ファイルを利用することでデータを永続化させ、次のプログラ
ム起動時も以前の状態を維持できる方法を学びます。

第6章
Flow Chart

家計簿プログラムができるまで

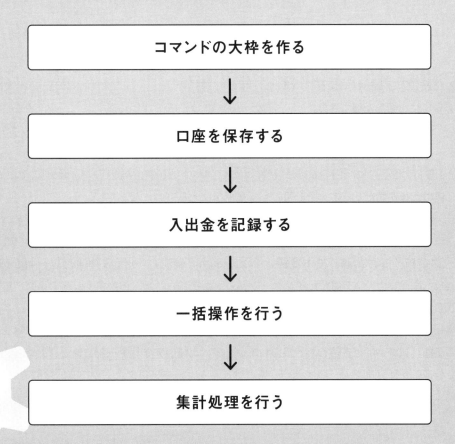

SECTION 6-1 家計簿アプリの仕様

家計簿アプリの仕様を考えてみます。

1. 収支（日付、用途、金額）を管理する単位として口座を作成できる
2. 口座に入金を記録できる
3. 口座に出金を記録できる
4. CSV から口座に一括で登録ができる
5. レポートを出力できる

上記の仕様が満たせると、家計簿として最低限使えるものになるでしょう。

プログラムが終了した後もそのデータが存在し続けることを**永続性**と言います。永続性を持つデータを扱うときには、基本機能として Create（作成）、Read（参照）、Update（更新）、Delete（削除）の4つを備えたインターフェースが提供されることが多く、その頭文字をとって **CRUD** と呼ばれています。本章では簡略化のために想定ユーザーは自分自身として、ユーザーの情報は扱わない、また Update（更新：記録を修正できる機能）、Delete（削除：記録を削除できる機能）については省略した仕様にしています。実際のアプリケーションでは、誰がいつデータを作成、更新、削除したのかという情報は、ユーザーやプロダクトの中心的な関心事であり、永続化してデータ管理する対象になります。

SECTION 6-2 コマンドを作ろう

CLI コマンドを作ろう

　第2章で cargo run と実行すると Hello World! と返すプログラムを扱いました。本章で作るコマンド名を kakeibo とし、kakeibo プロジェクトを次のコマンドで作成します。

```
$ cargo new kakeibo
$ cd kakeibo
$ cargo run
=> Hello, world!
$ cargo run kakeibo
=> Hello, world!
```

　このコマンドを実行すると Hello, world! と出力されます。
　cargo run XXX における XXX に対応する部分を cargo run コマンドの引数、**コマンドライン引数**といいます。この段階のプログラムでは、コード内でコマンドライン引数を利用している箇所がないため実行結果がコマンドライン引数によらず一定になっています。

　コマンドライン引数を利用するように、次のように main() 関数を変更します。

```rust
fn main() {
    //コマンドライン引数の一覧を出力する
    for arg in std::env::args() {
        println!("{}", arg);
    }
}
```

実行時のコマンドライン引数の個数や内容を切り替えて実行すると次のような出力が確認できます。

```
// コマンドライン引数がない場合
$ cargo run
target/debug/kakeibo
// コマンドライン引数が複数ある場合
$ cargo run arg1 arg2
target/debug/kakeibo
arg1
arg2
// 空白を含むコマンドライン引数を1つの引数として扱いたい場合
$ cargo run 'arg1 arg2'
target/debug/kakeibo
arg1 arg2
```

コマンドライン引数は空白区切りで1つの引数として認識されます。'arg1 arg2'のようにクオーテーションでまとめると1つの引数として認識されます。

一方、**target/debug/kakeibo** と表示されているのはなんでしょうか？

cargo run というコマンドは内部では build（実行可能ファイルの生成）と 実行可能ファイルの実行という2つの処理を行っています。**std::env::args()** は cargo プロジェクトにひも付く実行可能ファイル（コマンド）へのパスを1つ目の値として返します。そのため、次の2つは同じ操作になります。

```
// cargo run で1コマンドずつ実行する
$ cargo run
```

```
// cargo build とそこで生成された実行可能ファイルを実行する
$ cargo build
$ ./target/debug/kakeibo
```

コマンドライン引数にはいくつでも引数を渡すことができ、例えば複数のファイルを処理する
コマンドを実行する場合に重宝します。

サブコマンドを作ろう

前節までで、コマンドライン引数を扱うプログラムを書けるようになりました。

CLIコマンドはプログラムの基本的な単位であり、ほかの人が作ったものを利用する、自分が
作ったものをほかの人に提供する、インターフェースとなります。このインターフェースには引
数のほかに - や -- から始まるオプションや、コマンドの使い方に関するサブコマンドなどがあ
り、ここの仕様が作った人によってさまざまだと使う側は大変です。本節ではCLIコマンドのお
作法にのっとった形でコマンドのインターフェースを簡単に作ることができるパーサーライブラ
リ、clap を使ってコマンドを作っていきます。

まず、clap crate を project に追加します。

```
$ cargo add clap --features derive
```

Cargo.toml ファイルを見ると次のように clap が dependencies に追加されていることが確
認できます。

```
[package]
name = "kakeibo"
version = "0.1.0"
edition = "2021"
# See more keys and their definitions at <https://doc.rust-lang.org/
cargo/reference/manifest.html>
[dependencies]
clap = { version = "4.4.18", features = ["derive"] }
```

6-2 コマンドを作ろう　　183

前節で作った次のプログラムを clap を利用して書き換えます。

```
fn main() {
    let command_name
        = std::env::args().nth(0).unwrap_or("CLI".to_string());
    let name = std::env::args().nth(1).unwrap_or("World".to_string());
    println!("Hello {} via {}!", name, command_name);
}
```

次のように main.rs を書き換えます。

```
use clap::Parser;
#[derive(Parser)]
struct Args {
    arg1: String,
    arg2: String
}
fn main() {
    // 構造体 Args で定義した形の引数を受け取ることを期待して parse を行う
    let _args = Args::parse();
}
```

次のコマンドで実行します。

```
$ cargo build
$ ./target/debug/kakeibo a
error: the following required arguments were not provided:
  <ARG2>
Usage: kakeibo <ARG1> <ARG2>
For more information, try '--help'.
```

184　　第6章　ファイル入出力のあるコマンドラインツールを作れるようになろう [家計簿プログラム]

すると、このように error、usage、suggestion を勝手に出してくれるようになります。

　この出力を見ると、kakeibo コマンドは **<ARG1>** と **<ARG2>** の2つのコマンドライン引数を必須としているのに、**<ARG2>** が渡されていないということがわかります。

try '--help' という suggestion が出ているので従ってみます。

```
$ ./target/debug/kakeibo --help
Usage: kakeibo <ARG1> <ARG2>
Arguments:
  <ARG1>
  <ARG2>
Options:
  -h, --help  Print help
```

　-h もしくは --help で help を出力するコマンドラインオプション が kakeibo コマンドに生えていることがわかりました（コマンドを実行することを、親しみを込めてコマンドを走らせると言うことがあります。同様に機能が追加されることを生えると言うことがあります）。

　コマンドのバージョン情報を追加してみます。同名のプログラムでもソフトウェアは日々更新されていくものなので、バージョンが異なると挙動が変わったり、特定のバージョンでだけ起こるバグがあったりします。そのため新しいCLIコマンドをインストールしたらバージョンを確認する習慣をつけましょう。

```
use clap::Parser;
#[derive(Parser)]
#[clap(version = "1.0")] // 追加
struct Args {
    arg1: String,
    arg2: String,
}
fn main() {
```

6-2　コマンドを作ろう　　　**185**

```
    let _args = Args::parse();
}
```

再度 build して help を確認します。

```
$ cargo build
$ ./target/debug/kakeibo --help
Usage: kakeibo <ARG1> <ARG2>
Arguments:
  <ARG1>
  <ARG2>
Options:
  -h, --help     Print help
  -V, --version  Print version
```

新たにオプションとして **-V, --version** が追加されていることが確認できました。実行してみます。

```
$ ./target/debug/kakeibo -V
kakeibo 1.0
```

実行しているコマンドが kakeibo のバージョン 1.0 であるということを示しています。コマンド名（kakeibo）はとくに指定しなければ cargo project の名前になります。

CLI コマンドには 1 つのコマンドの下に複数の操作（**サブコマンド**）を持つものもあります。

例えば、ソフトウェアエンジニアならお世話になるであろうバージョン管理ツールの git というコマンドがありますが、git には add や commit 、push といったサブコマンドがあり、それぞれのサブコマンドごとにコマンドライン引数やオプションが決まっています。git が先頭についていることで add や push のような頻出の一般動詞を利用してもほかのコマンドの add ではなく、git の add コマンドを意図していることが正確に伝わるのもサブコマンドの利点です。

```
$ git add .
$ git commit -m "コミットメッセージ"
```

kakeibo コマンドが家計簿アプリの仕様を満たすコマンドになるようにサブコマンドを用意していきましょう。この節では kakeibo コマンドが提供するサブコマンドの一覧だけを決め、内部実装は後続の節で行います。実際の開発現場でも先にインターフェースだけを決めておき、インターフェースを利用する側と内部実装する側で作業を分担して行うといったことは頻繁に行われます。

改めて仕様を確認します。

1. 収支（日付、用途、金額）を管理する単位として口座を作成できる
2. 口座に入金を記録できる
3. 口座に出金を記録できる
4. csv から口座に一括で登録ができる
5. レポートを出力できる

それぞれ独立した操作とみなせそうです。それぞれの操作は次のようなサブコマンド名にすることにします。

1. new
2. deposit
3. withdraw
4. import
5. report

この5種類のサブコマンドを enum として、次のように定義します。

```
use clap::{Parser, Subcommand};
#[derive(Parser)]
#[clap(version = "1.0")]
struct App {
```

6-2　コマンドを作ろう　　**187**

```rust
    #[clap(subcommand)]
    command: Command,
}
#[derive(Subcommand)]
enum Command {
    /// 新しい口座を作る
    New,
    /// 口座に入金する
    Deposit,
    /// 口座から出金する
    Withdraw,
    /// CSV からインポートする
    Import,
    /// レポートを出力する
    Report,
}
fn main() {
    let _args = App::parse();
}
```

　大本の構造体（App）の field に clap の Subcommand を指定して **App::parse()** をすると、**#[derive(Subcommand)]** マクロがついている enum がこのコマンドのサブコマンドとして認識されるようになります。

```
$ cargo build
$ ./target/debug/kakeibo -h
Usage: kakeibo <COMMAND>
Commands:
  new          新しい口座を作る
  deposit      口座に入金する
  withdraw     口座から出金する
  import       CSV からインポートする
```

```
  report           レポートを出力する
  help             Print this message or the help of the given
subcommand(s)
Options:
  -h, --help       Print help
  -V, --version  Print version
```

-h オプションで確認すると Commands に追加されていることが確認できます。

それぞれのサブコマンドには /// でサブコマンドの説明をつけることができ、この例だと新し
い口座を作る、口座に入金するといったサブコマンドの説明が表示されるようになりました。

```
$ ./target/debug/kakeibo new
$ ./target/debug/kakeibo hoge
error: unrecognized subcommand 'hoge'
Usage: kakeibo <COMMAND>
For more information, try '--help'.
```

まだどのサブコマンドも内部実装をしていないので何も処理は行われませんが、COMMAND
として認識されているものを指定して実行すると error が起こらず終了し、それ以外の文字列を
指定すると unrecognized subcommand という error を返すようになりました。

SECTION 6-3 CSV ファイルを扱ってみよう

ファイルを作ろう 〜 new コマンドを実装しよう〜

前節まででアプリに必要な各操作とそれに対応するサブコマンドの名前が決まりました。ここからはそれぞれのサブコマンドを 1 つずつ実装していきます。

本節では、kakeibo という家計簿アプリで扱う口座を新規作成する kakeibo new コマンドを実装していきます。

```rust
use clap::{Parser, Subcommand};
#[derive(Parser)]
#[clap(version = "1.0")]
struct App {
    #[clap(subcommand)]
    command: Command,
}
#[derive(Subcommand)]
enum Command {
    New,
    Deposit,
    Withdraw,
    Import,
    Report,
}
fn main() {
    let args = App::parse();
    match args.command {
```

```
        Command::New => new(),
        Command::Deposit => unimplemented!(),
        Command::Withdraw => unimplemented!(),
        Command::Import => unimplemented!(),
        Command::Report => unimplemented!(),
    }
}
// TODO: ここを実装する
fn new() {
    println!("New command");
}
```

　Command enum へのパターンマッチと第5章で学んだ関数を用いて、kakeibo new サブコマンドの実際の処理を **new()** 関数に切り出します。この状態でそれぞれのサブコマンドを実行してみると、kakeibo new と実行した際に **new()** 関数に制御が移り、"New command" が出力されることが確認できます。

```
$ cargo build
$ ./target/debug/kakeibo new
=> New command
$ ./target/debug/kakeibo deposit
thread 'main' panicked at src/main.rs:23:29:
not implemented
note: run with `RUST_BACKTRACE=1` environment variable to display a
backtrace
```

　早速、口座の新規作成機能を実装していきましょう。データを保持するファイルの形式はさまざまですが、今回は excel などでもなじみのある表形式の **CSV** を利用することにします。

　csv crate を project に追加します。

```
$ cargo add csv
```

Cargo.toml を確認すると csv crate が追加されていることが確認できます。

```
[package]
name = "kakeibo"
version = "0.1.0"
edition = "2021"
# See more keys and their definitions at <https://doc.rust-lang.org/
cargo/reference/manifest.html>
[dependencies]
clap = { version = "4.4.18", features = ["derive"] }
csv = "1.3.0"
```

次のように **new()** 関数を編集します。

```
use clap::{Parser, Subcommand};
// csv crate の Writer (ファイルへの書き込みモジュール) の使用を宣言
use csv::Writer;
#[derive(Parser)]
#[clap(version = "1.0")]
struct App {
    #[clap(subcommand)]
    command: Command,
}
#[derive(Subcommand)]
enum Command {
    New,
    Deposit,
    Withdraw,
    Import,
    Report,
}
fn main() {
```

```rust
    let args = App::parse();
    match args.command {
        Command::New => new(),
        Command::Deposit => unimplemented!(),
        Command::Withdraw => unimplemented!(),
        Command::Import => unimplemented!(),
        Command::Report => unimplemented!(),
    }
}
fn new() {
    // accounts.csv という名前で csv ファイルを作成する
    let mut writer = Writer::from_path("accounts.csv").unwrap();
    writer
        .write_record(["日付", "用途", "金額"]) // ヘッダーを書き込む
        .unwrap();
    writer.flush().unwrap();
}
```

kakeibo new コマンドを実行します。accounts.csv という csv ファイルが作成されていることが確認できます。

```
$ cargo build
$ ./target/debug/kakeibo new
$ cat accounts.csv
日付,用途,金額
```

コードを見ていきましょう。

use csv::Writer; と書くことで csv crate のうち **Writer**（csv ファイルへの読み書きのうち、書き込みのためのモジュール）の利用を宣言しています。

Writer::from_path("ファイル名") で新規作成する口座のデータの出力先を指定しています。

6-3 CSV ファイルを扱ってみよう **193**

このメソッドの戻り値 writer を使って**writer.write_record(追加したい行の配列の参照)** とすることで口座情報のヘッダーを流し込んでいます。

writer.flush() の flush() はバッファーという一時的なデータ保持領域を持つ操作を行う際に現れる処理です。バッファーは、バッファーが溢れるか flush() 関数が呼ばれるまで、書き込む内容を一時的に保持する役割があります。メモリ上での操作と比較するとファイルの読み書きはとても遅く、複数行書き出す際などに1行ずつ書き出していると性能が悪くなることがあります。そのため、ある程度まとまった量を一括で書き出せるように、**Writer** は内部にバッファーを持っています。

ここまでで kakeibo new すると口座として accounts.csv という csv ファイルが作成できるようになりました。しかし、このままでは1つしか口座を扱えないので複数持てるようにしたいです。**kakeibo new 口座(ファイル)名** という形でコマンドライン引数を受け取り対応するファイルで口座を新規作成する形に修正します。

```
use clap::{Args, Parser, Subcommand}; // <= Args を追加
use csv::Writer;
#[derive(Parser)]
#[clap(version = "1.0")]
struct App {
    #[clap(subcommand)]
    command: Command,
}
#[derive(Subcommand)]
enum Command {
    New(NewArgs), // <= Newサブコマンドに渡された引数をNewArgsで受け取る
    Deposit,
    Withdraw,
    Import,
    Report,
}
#[derive(Args)] // <= help や suggest などを用意してくれる
```

```
struct NewArgs {
    account_name: String,
}
impl NewArgs {
    fn run(&self) { // <= new サブコマンドの本体
        let file_name = format!("{}.csv", self.account_name);
        let mut writer = Writer::from_path(file_name).unwrap();
        writer.write_record(["日付", "用途", "金額"]).unwrap();
        writer.flush().unwrap();
    }
}
fn main() {
    let args = App::parse();
    match args.command {
        Command::New(args) => args.run(),
        Command::Deposit => unimplemented!(),
        Command::Withdraw => unimplemented!(),
        Command::Import => unimplemented!(),
        Command::Report => unimplemented!(),
    }
}
```

　この修正をしたうえでコマンドを実行してみると、kakeibo new は引数が1つもないとエラーになり、引数を指定すると **<ACCOUNT_NAME>.csv** という csv ファイルが作成されることが確認できます。

```
$ cargo build
$ ./target/debug/kakeibo new
error: the following required arguments were not provided:
  <ACCOUNT_NAME>
Usage: kakeibo new <ACCOUNT_NAME>
For more information, try '--help'.
```

```
$ ./target/debug/kakeibo new 口座1
$ cat 口座1.csv
日付,用途,金額
$ ./target/debug/kakeibo new 口座2
$ cat 口座2.csv
日付,用途,金額
```

ファイルに追記しよう 〜 deposit, withdraw コマンドを実装しよう〜

前項で新規の口座を作る kakeibo new コマンドが実装できました。作成した口座に対して、入出金を記録する deposit/withdraw コマンドを実装していきます。

```
use clap::{Args, Parser, Subcommand};
use csv::Writer;
#[derive(Parser)]
#[clap(version = "1.0")]
struct App {
    #[clap(subcommand)]
    command: Command,
}
#[derive(Subcommand)]
enum Command {
    /// 新しい口座を作る
    New(NewArgs),
    /// 口座に入金する
    Deposit,
    /// 口座から出金する
    Withdraw,
    /// CSV からインポートする
    Import,
    /// レポートを出力する
```

```rust
        Report,
}
#[derive(Args)]
struct NewArgs {
    account_name: String,
}
impl NewArgs {
    fn run(&self) {
        let file_name = format!("{}.csv", self.account_name);
        let mut writer = Writer::from_path(file_name).unwrap();
        writer.write_record(["日付", "用途", "金額"]).unwrap();
        writer.flush().unwrap();
    }
}
fn main() {
    let args = App::parse();
    match args.command {
        Command::New(args) => arg.run(),
        Command::Deposit => deposit(), // TODO: ここを実装する
        Command::Withdraw => withdraw(), // TODO: ここを実装する
        Command::Import => unimplemented!(),
        Command::Report => unimplemented!(),
    }
}
// TODO: ここを実装する
fn deposit() {
    unimplemented!()
}
// TODO: ここを実装する
fn withdraw() {
    unimplemented!()
}
```

6-3 CSV ファイルを扱ってみよう　　197

家計簿アプリの仕様を改めて確認すると

- **収支（日付、用途、金額）を管理する単位として口座を作成できる**
- **口座に入金を記録できる**
- **口座に出金を記録できる**

つまり、今回の家計簿アプリで扱うのは口座、日付、用途、金額のみです。

ところが、昔のやりとりを記録する際に用途を思い出せないことはよくありますし、やりとりの当日に家計簿に記録したいのに毎回今日の日付を入力するのは面倒です。ここでは次の仕様を追加します。

- **日付がわからなかったら、コマンドの実行日を利用する**
- **用途がわからなかったら、不明 とする**

この仕様で実装していきます。試しに new のコードをほとんどそのまま流用して、先ほど作成した 口座1.csv にダミーのレコードが追加できるか確認してみます。

```
fn deposit() {
    // new の実装をそのまま踏襲する
    let mut writer = Writer::from_path("口座1.csv").unwrap();
    writer.write_record(["1", "2", "3"]).unwrap();
    writer.flush().unwrap();
}
```

この実装をして、コマンドを実行します。

```
$ cargo build
$ ./target/debug/kakeibo deposit
$ cat 口座1.csv
1,2,3
```

期待した出力は次のように、ヘッダーの次の行にレコードが追記されることでした。しかし、口座1.csv はヘッダーが消えた形の出力になっています。

　何がいけなかったのでしょうか？　実はファイル操作において、存在するファイルへの追記（append）はファイルの新規作成を伴う書き込みとは別の操作として区別されています。**Writer::from_path(ファイル名)** は実行するたびに ファイル名 のファイルを作り直す関数だったのです。

　そのため、現在の new() の実装で既存の口座名を指定して new をすると口座のデータが初期化されてヘッダーだけになる操作になっています。

```
$ cat 口座1.csv
1,2,3
$ ./target/debug/kakeibo new 口座1
$ cat 口座1.csv
日付,用途,金額   <= 1, 2, 3 レコードが消えている！
```

　レコードが実行するたびに消えてしまうのでは、せっかく csv ファイルに永続化している意味がないので deposit/withdraw では追記ができるようにしたいです。

　追記での実装には、**Writer::from_path()** ではなく **Writer::from_writer()** を利用します。

```
use std::fs::OpenOptions; // <= 追加
use clap::{Args, Parser, Subcommand};
use csv::Writer;
#[derive(Parser)]
#[clap(version = "1.0")]
struct App {
    #[clap(subcommand)]
    command: Command,
}
#[derive(Subcommand)]
```

6-3　CSV ファイルを扱ってみよう　　199

```rust
enum Command {

    New(NewArgs),

    Deposit,

    Withdraw,

    Import,

    Report,

}
#[derive(Args)]
struct NewArgs {

    account_name: String,

}
impl NewArgs {

    fn run(&self) {

        let file_name = format!("{}.csv", self.account_name);

        let mut writer = Writer::from_path(file_name).unwrap();

        writer.write_record(["日付", "用途", "金額"]).unwrap();

        writer.flush().unwrap();

    }

}
fn main() {

    let args = App::parse();

    match args.command {

        Command::New(args) => args.run(),

        Command::Deposit => deposit(),

        Command::Withdraw => withdraw(),

        Command::Import => unimplemented!(),

        Command::Report => unimplemented!(),

    }

}
fn deposit() {

    // 追記モードでファイルを開く設定

    let open_option = OpenOptions::new()
```

```
        .write(true)

        .append(true) // 追記モード

        .open("口座1.csv")

        .unwrap();

    // open_option を利用した形で writer を設定

    let mut writer = Writer::from_writer(open_option);

    writer.write_record(["1", "2", "3"]).unwrap();

    writer.flush().unwrap();

}

fn withdraw() {

    unimplemented!()

}
```

　このように **Writer::from_writer()** に標準ライブラリの **std::fs::OpenOptions** で追記モード
を有効にした option を渡すことで既存のファイルを上書きせずに追記できるようになります。

　このコードを実行すると次のようになります。

```
$ cat 口座1.csv

日付,用途,金額

$ cargo build

$ ./target/debug/kakeibo deposit

$ cat 口座1.csv

日付,用途,金額 <= 消えていない！

1,2,3
```

　ここまでで、仕組みとして deposit でやりたいことの検証ができました。残りは new コマン
ドでもやったように、コマンドライン引数からレコードの値と口座（ファイル）名を受け渡すよ
うにする部分だけです。new と少し異なるのは、口座名は文字列でよかったですが金額は整数型、
日付は日付を扱う型を利用したいという部分です。Rust では日付・時刻を扱う crate として
chrono が事実上の標準となっているのでこれを利用します。時刻ではなく日付で管理するデー
タなのでここでは Time でも Date でもなく NaiveDate を利用することにします。

6-3　CSV ファイルを扱ってみよう

chrono を project に追加します。

```
$ cargo add chrono
```

Cargo.toml に chrono が追加されたことが確認できます。

```
[package]
name = "kakeibo"
version = "0.1.0"
edition = "2021"
# See more keys and their definitions at <https://doc.rust-lang.org/
cargo/reference/manifest.html>
[dependencies]
chrono = "0.4.31"
clap = { version = "4.4.18", features = ["derive"] }
csv = "1.3.0"
```

chrono を利用して deposit コマンドの引数の型 DepositArgs を定義し、それを利用してレコードを csv に append するようにしたコードを次に示します。

```
use std::fs::OpenOptions;
use chrono::NaiveDate; // <= 追加
use clap::{Args, Parser, Subcommand};
use csv::Writer;
#[derive(Parser)]
#[clap(version = "1.0")]
struct App {
    #[clap(subcommand)]
    command: Command,
}
#[derive(Subcommand)]
enum Command {
```

```rust
    New(NewArgs),
    Deposit(DepositArgs), // <= 引数を受け取るように修正
    Withdraw,
    Import,
    Report,
}
#[derive(Args)]
struct NewArgs {
    account_name: String,
}
impl NewArgs {
    fn run(&self) {
        let file_name = format!("{}.csv", self.account_name);
        let mut writer = Writer::from_path(file_name).unwrap();
        writer.write_record(["日付", "用途", "金額"]).unwrap();
        writer.flush().unwrap();
    }
}
#[derive(Args)]
struct DepositArgs { // <= 引数の型を定義
    account_name: String,
    date: NaiveDate,
    usage: String,
    amount: u32,
}
impl DepositArgs {
    fn run(&self) {
      let open_option = OpenOptions::new()
        .write(true)
        .append(true) // 追記モード
        .open(format!("{}.csv", self.account_name))
        .unwrap();
```

6-3 CSV ファイルを扱ってみよう　　203

```
    let mut writer = Writer::from_writer(open_option);
    writer
        .write_record(&[
            self.date.format("%Y-%m-%d").to_string(),
            self.usage.to_string(),
            self.amount.to_string(),
        ])
        .unwrap();
    writer.flush().unwrap();
    }
}
fn main() {
    let args = App::parse();
    match args.command {
        Command::New(args) => args.run(),
        Command::Deposit(args) => args.run(),
        Command::Withdraw => withdraw(),
        Command::Import => unimplemented!(),
        Command::Report => unimplemented!(),
    }
}
fn withdraw() {
    unimplemented!()
}
```

このコードを実行すると、次のように日付型を生かして不正な日付で登録されないように**バリデーション**を行ってくれるようになります。

```
$ cargo build
$ ./target/debug/kakeibo new 口座1
$ cat 口座1.csv
日付,用途,金額
```

```
$ ./target/debug/kakeibo deposit 口座1 2024-1-1 お年玉 100
$ cat 口座1.csv
日付,用途,金額
2024-01-01,お年玉,100
$ ./target/debug/kakeibo deposit 口座1 2023-13-1 お年玉 100
error: invalid value '2023-13-1' for '<DATE>': input is out of range
For more information, try '--help'.
$ cat 口座1.csv
日付,用途,金額
2024-01-01,お年玉,100
```

　ここまでで、deposit コマンドの実装は完了です。つづいて、withdraw コマンドも同様に実装していきましょう。ここでは簡単のため、deposit コマンドとの違いは口座上で記録する金額の正負だけとします（deposit と withdraw の違いとしては、例えばお金を支払った結果口座の残高が負になることはないはずです。そのため、withdraw だけ残高を判定する機能を追加することが考えられます。気になった方は実装してみましょう）。

```
use std::fs::OpenOptions;
use chrono::NaiveDate;
use clap::{Args, Parser, Subcommand};
use csv::Writer;
#[derive(Parser)]
#[clap(version = "1.0")]
struct App {
    #[clap(subcommand)]
    command: Command,
}
#[derive(Subcommand)]
enum Command {
    New(NewArgs),
    Deposit(DepositArgs),
    Withdraw(WithdrawArgs),
```

6-3　CSV ファイルを扱ってみよう　　　**205**

```rust
    Import,
    Report,
}
#[derive(Args)]
struct NewArgs {
    account_name: String,
}
impl NewArgs {
    fn run(&self) {
        let file_name = format!("{}.csv", self.account_name);
        let mut writer = Writer::from_path(file_name).unwrap();
        writer.write_record(["日付", "用途", "金額"]).unwrap();
        writer.flush().unwrap();
    }
}
#[derive(Args)]
struct DepositArgs {
    account_name: String,
    date: NaiveDate,
    usage: String,
    amount: u32,
}
impl DepositArgs {
    fn run(&self) {
        let open_option = OpenOptions::new()
          .write(true)
          .append(true) // 追記モード
          .open(format!("{}.csv", self.account_name))
          .unwrap();
        let mut writer = Writer::from_writer(open_option);
        writer
          .write_record(&[
```

```rust
                self.date.format("%Y-%m-%d").to_string(),
                self.usage.to_string(),
                self.amount.to_string(),
            ])
            .unwrap();
        writer.flush().unwrap();
    }
}
#[derive(Args)]
struct WithdrawArgs {
    account_name: String,
    date: NaiveDate,
    usage: String,
    amount: u32,
}
impl WithdrawArgs {
    fn run(&self) {
        let open_option = OpenOptions::new()
            .write(true)
            .append(true) // 追記モード
            .open(format!("{}.csv", self.account_name))
            .unwrap();
        let mut writer = Writer::from_writer(open_option);
        writer
          .write_record(&[
                self.date.format("%Y-%m-%d").to_string(),
                self.usage.to_string(),
                // MEMO: deposit との差分はここだけ
                format!("-{}", self.amount),
            ])
            .unwrap();
    }
```

6-3 CSV ファイルを扱ってみよう　　　207

```
}
fn main() {
    let args = App::parse();
    match args.command {
        Command::New(args) => args.run(),
        Command::Deposit(args) => args.run(),
        Command::Withdraw(args) => args.run(),
        Command::Import => unimplemented!(),
        Command::Report => unimplemented!(),
    }
}
```

この実装で withdraw コマンドも実装できました。実行して確認します。

```
$ cargo build
$ cat 口座1.csv
日付,用途,金額
2024-01-01,お年玉,100
$ ./target/debug/kakeibo withdraw 口座1 2024-1-11 書籍代 10
$ cat 口座1.csv
日付,用途,金額
2024-01-01,お年玉,100
2024-01-11,書籍代,-10
```

口座1に出金も登録できていることが確認できました。

複数のレコードを一括で作ろう ～ import コマンドを実装しよう～

　前項までで kakeibo {new|deposit|withdraw} のコマンドが実装できたので、1件ずつ入出金を登録できるようになりました。一方で、現実世界では0からデータを登録していくサービスよりも別の類似サービスで管理していたデータを引き継いで使えるようになっているサービスを多く見かけます。データは資産です。新しく作ったサービスがどんなに機能的に優れていても、競合サービスで過去データの蓄積がある分、そちらのほうが実際に使えるサービスになっているため利用されないという事例は枚挙に暇がありません。

　一方で、ユーザーもあるサービスが未来永劫使えるわけではないことを知っているので、何かしらのフォーマットで自分のデータを出力し、移行できる（ロックインされにくい）サービスを好んで使う傾向にあります。この節では、ユーザーが別の家計簿アプリで利用していたデータを入手できたときにそのデータを kakeibo に一括で登録できる import コマンドを実装します。同様の操作に対応する処理を一括で行うような操作をバルク処理と言います。import/export はバルク処理の代表例です。

　import コマンドにはどのファイルからデータを import するか、どの口座にそのデータを入れるかの2つを引数に取るようにします。

```rust
use std::fs::OpenOptions;
use chrono::NaiveDate;
use clap::{Args, Parser, Subcommand};
use csv::Writer;
#[derive(Parser)]
#[clap(version = "1.0")]
struct App {
    #[clap(subcommand)]
    command: Command,
}
#[derive(Subcommand)]
enum Command {
```

6-3　CSV ファイルを扱ってみよう　　209

```rust
    New(NewArgs),
    Deposit(DepositArgs),
    Withdraw(WithdrawArgs),
    Import(ImportArgs),
    Report,
}

#[derive(Args)]
struct NewArgs {
    account_name: String,
}
impl NewArgs {
    fn run(&self) {
        let file_name = format!("{}.csv", self.account_name);
        let mut writer = Writer::from_path(file_name).unwrap();
        writer.write_record(["日付", "用途", "金額"]).unwrap();
        writer.flush().unwrap();
    }
}
#[derive(Args)]
struct DepositArgs {
    account_name: String,
    date: NaiveDate,
    usage: String,
    amount: u32,
}
impl DepositArgs {
    fn run(&self) {
        let open_option = OpenOptions::new()
            .write(true)
            .append(true) // 追記モード
            .open(format!("{}.csv", self.account_name))
            .unwrap();
```

210　　　第6章　ファイル入出力のあるコマンドラインツールを作れるようになろう［家計簿プログラム］

```rust
        let mut writer = Writer::from_writer(open_option);
        writer
            .write_record(&[
                self.date.format("%Y-%m-%d").to_string(),
                self.usage.to_string(),
                self.amount.to_string(),
            ])
            .unwrap();
        writer.flush().unwrap();
    }
}
#[derive(Args)]
struct WithdrawArgs {
    account_name: String,
    date: NaiveDate,
    usage: String,
    amount: u32,
}
impl WithdrawArgs {
    fn run(&self) {
        let open_option = OpenOptions::new()
            .write(true)
            .append(true) // 追記モード
            .open(format!("{}.csv", self.account_name))
            .unwrap();
        let mut writer = Writer::from_writer(open_option);
        writer
          .write_record(&[
                self.date.format("%Y-%m-%d").to_string(),
                self.usage.to_string(),
                // MEMO: deposit との差分はここだけ
                format!("-{}", self.amount),
```

6-3　CSV ファイルを扱ってみよう　　　**211**

```rust
        ])
        .unwrap();
    }
}
#[derive(Args)]
struct ImportArgs {
    src_file_name: String, // import するデータファイル
    dst_account_name: String, // import先として kakeibo で管理している口座名
}
impl ImportArgs {
    fn run(&self) {
        unimplemented!() // <= ここを実装する
    }
}
fn main() {
    let args = App::parse();
    match args.command {
        Command::New(args) => args.run(),
        Command::Deposit(args) => args.run(),
        Command::Withdraw(args) => args.run(),
        Command::Import(args) => args.run(),
        Command::Report => unimplemented!(),
    }
}
```

　この引数を定義した状態で import コマンドを確認すると、次のように2つの引数を要求する
コマンドである準備ができたことが確認できます。

```
$ cargo build
$ ./target/debug/kakeibo import -h
Usage: kakeibo import <SRC_FILE_NAME> <DST_ACCOUNT_NAME>
Arguments:
```

```
  <SRC_FILE_NAME>
  <DST_ACCOUNT_NAME>
Options:
  -h, --help  Print help
```

import() 関数を実装していきます。Writer の使い方に関しては deposit/withdraw のコマンドでの使い方と同様です。

```
use csv::{Reader, Writer}; // <= Reader も追加

impl ImportArgs {
    fn run(&self) {
        let open_option = OpenOptions::new()
            .write(true)
            .append(true) // 追記モード
            .open(format!("{}.csv", self.dst_account_name))
            .unwrap();
        let mut writer = Writer::from_writer(open_option);
        let mut reader = Reader::from_path(&self.src_file_name).unwrap();
        for result in reader.records() {
            // Reader は先頭行をヘッダーとして扱うので
            // このループは2行目以降について実行される
            let record = result.unwrap();
            writer.write_record(&record).unwrap();
        }
        writer.flush().unwrap();
    }
}
```

csv::Reader は今まで使ってきた csv::Writer とは逆の、csvファイルの読み取り用モジュールです。csv::Writer 同様 Reader::from_path() という関数が定義されているのでそこから .records() 関数を利用することで for..in ループで1行ごとのレコードを取り出すことができています。

6-3 CSV ファイルを扱ってみよう　213

この実装で実行してみます。

```
$ cargo build
$ ./target/debug/kakeibo new 出力先
$ cat 出力先.csv
日付,用途,金額
$ cat 口座1.csv
日付,用途,金額
2024-01-01,お年玉,100
2024-01-11,書籍代,-10
$ ./target/debug/kakeibo import 口座1.csv 出力先
$ cat 出力先.csv
日付,用途,金額
2024-01-01,お年玉,100
2024-01-11,書籍代,-10
$ ./target/debug/kakeibo import 口座1.csv 出力先
$ ./target/debug/kakeibo import 口座1.csv 出力先
$ ./target/debug/kakeibo import 口座1.csv 出力先
$ cat 出力先.csv
日付,用途,金額
2024-01-01,お年玉,100
2024-01-11,書籍代,-10
2024-01-01,お年玉,100
2024-01-11,書籍代,-10
2024-01-01,お年玉,100
2024-01-11,書籍代,-10
2024-01-01,お年玉,100
2024-01-11,書籍代,-10
```

　このように、kakeibo import 口座1.csv 出力先 を実行するたびに 出力先.csv に 口座1.csv のレコードがすべてインポートされていることが確認できました。

ここで、record の型を確認してみます。CSV の各行はUTF-8のバイト列と見なされ、StringRecord 型と推論されています。せっかく強力な型で守られた Rust を使っているのに、このままでは値に不正な型の値を import できてしまいます。

　試しに次のような不正データを作って import してみましょう。日付が存在しない日付(2024-02-40)だったり、金額が漢字で単位付き(一万円)で書かれていたりしても import できてしまいます。

```
$ cat 不正データ.csv
日付,用途,金額
2024-01-01,お年玉,一万円
2024-02-40,書籍代,-100
$ ./target/debug/kakeibo import 不正データ.csv 出力先
日付,用途,金額
2024-01-01,お年玉,100
2024-01-11,書籍代,-10
2024-01-01,お年玉,100
2024-01-11,書籍代,-10
2024-01-01,お年玉,100
2024-01-11,書籍代,-10
2024-01-01,お年玉,100
2024-01-11,書籍代,-10
2024-01-01,お年玉,一万円
2024-02-40,書籍代,-100
```

　配列や構造体といったプログラム内のデータ構造を文字列などに変換してファイルに保存できるようにすることを**シリアライズ**、逆にファイルに保存された内容を読み取ってプログラム内のデータ構造に変換することを**デシリアライズ**といいます。保存したファイルはプログラムの外から勝手に編集されて、例えば2024-02-40のような不正な内容に書き換わっているかもしれないため、デシリアライズの際には型チェックをはじめとするさまざまなバリデーションが必須です。Rustの強力なシリアライズ／デシリアライズ ライブラリの serde を利用して型を与えてみましょう。

6-3　CSV ファイルを扱ってみよう　　　**215**

```
$ cargo add serde --features derive
[package]
name = "kakeibo"
version = "0.1.0"
edition = "2021"
# See more keys and their definitions at https://doc.rust-lang.org/cargo/
reference/manifest.html
[dependencies]
chrono = "0.4.31"
clap = { version = "4.4.18", features = ["derive"] }
csv = "1.3.0"
serde = { version = "1.0.198", features = ["derive"] }
```

serde crate を利用してコードを次のように修正します。

```
use std::{collections::HashMap, fs::OpenOptions};
use chrono::NaiveDate;
use clap::{Args, Parser, Subcommand};
use csv::{Reader, Writer, WriterBuilder};
use serde::{Deserialize, Serialize};
#[derive(Parser)]
#[clap(version = "1.0")]
struct App {
    #[clap(subcommand)]
    command: Command,
}
#[derive(Subcommand)]
enum Command {
    /// 新しい口座を作る
    New(NewArgs),
    Deposit(DepositArgs),
    Withdraw(WithdrawArgs),
```

```
        Import(ImportArgs),
        Report(ReportArgs),
}
#[derive(Args)]
struct NewArgs {
        account_name: String,
}
impl NewArgs {
        fn run(&self) {
                let file_name = format!("{}.csv", self.account_name);
                let mut writer = Writer::from_path(file_name).unwrap();
                writer.write_record(["日付", "用途", "金額"]).unwrap();
                writer.flush().unwrap();
        }
}
#[derive(Args)]
struct DepositArgs {
        account_name: String,
        date: NaiveDate,
        usage: String,
        amount: u32,
}
impl DepositArgs {
        fn run(&self) {
                let open_option = OpenOptions::new()
                        .write(true)
                        .append(true) // 追記モード
                        .open(format!("{}.csv", self.account_name))
                        .unwrap();
                let mut writer = Writer::from_writer(open_option);
                writer
                        .write_record(&[
```

6-3 CSV ファイルを扱ってみよう　　217

```rust
                self.date.format("%Y-%m-%d").to_string(),
                self.usage.to_string(),
                self.amount.to_string(),
            ])
            .unwrap();
        writer.flush().unwrap();
    }
}
#[derive(Args)]
struct WithdrawArgs {
    account_name: String,
    date: NaiveDate,
    usage: String,
    amount: u32,
}
impl WithdrawArgs {
    fn run(&self) {
        let open_option = OpenOptions::new()
            .write(true)
            .append(true) // 追記モード
            .open(format!("{}.csv", self.account_name))
            .unwrap();
        let mut writer = Writer::from_writer(open_option);
        writer
            .write_record(&[
                self.date.format("%Y-%m-%d").to_string(),
                self.usage.to_string(),
                format!("-{}", self.amount),
            ])
            .unwrap();
    }
}
```

218　第6章　ファイル入出力のあるコマンドラインツールを作れるようになろう［家計簿プログラム］

```rust
#[derive(Args)]
struct ImportArgs {
    src_file_name: String,
    dst_account_name: String,
}
impl ImportArgs {
    fn run(&self) {
        let open_option = OpenOptions::new()
            .write(true)
            .append(true) // 追記モード
            .open(format!("{}.csv", self.dst_account_name))
            .unwrap();
        let mut writer = WriterBuilder::new()
            .has_headers(false) // 1行目のheaderをskipする
            .from_writer(open_option);
        let mut reader = Reader::from_path(&self.src_file_name).unwrap();
        for result in reader.deserialize() {
            // CSVの各行が Record 型として読み取れることを想定
            let record: Record = result.unwrap();
            writer.serialize(record).unwrap();
        }
    }
}
// CSV の各カラムで期待する型を用意
#[derive(Serialize, Deserialize)]
struct Record {
    日付: NaiveDate,
    用途: String,
    金額: i32,
}
#[derive(Args)]
struct ReportArgs {
```

6-3　CSVファイルを扱ってみよう　　219

```
    files: Vec<String>,
}
fn main() {
    let args = App::parse();
    match args.command {
        Command::New(args) => args.run(),
        Command::Deposit(args) => args.run(),
        Command::Withdraw(args) => args.run(),
        Command::Import(args) => args.run(),
        Command::Report => unimplemented!(),
    }
}
```

　このRecord構造体のようにCSVの各行でそれぞれのカラムに期待する型を指定することで、先ほどまでimportできてしまっていた想定しない値のバリデーションができるようになりました。

```
$ cat 不正データ.csv
日付,用途,金額
2024-01-01,お年玉,一万円
2024-02-40,書籍代,-100
$ ./target/debug/kakeibo import 不正データ.csv 出力先
thread 'main' panicked at src/main.rs:109:41:
called `Result::unwrap()` on an `Err` value: Error(Deserialize { pos:
Some(Position { byte: 21, line: 2, record: 1 }), err: DeserializeError {
field: Some(2), kind: ParseInt(ParseIntError { kind: InvalidDigit }) } })
```

　これで不正なデータが口座に入れることができなくなりました。できるだけ何でも入れられる（serdeでdesreializeする前のStringRecord型のような）型ではなく、自身が管理したい適切な型を用意することで、Rustの強力な型システムの恩恵を得られるようになるので意識していきましょう。

複数のファイルを操作しよう 〜 report コマンドを実装しよう〜

　ここまでの項で家計簿アプリ kakeibo に管理単位としての口座を作成し、口座へ入出金を単件および一括で記録することができるようになっています。

　しかし、地道にデータを記録していくというのはユーザーにとって骨の折れる作業です。扱っているデータが増えれば増えるほど価値が出るサービスにとって、ユーザーにデータを入れるインセンティブを与える機能を備えていることは必須となるでしょう。

　本項では、今まで単件のレコードの束でしかなかった収支データを複数の口座にわたって集計するコマンド report を実装します。アプリケーションのコードが大きくなってきましたが、本節での追加分は ReportArgs の部分のみです。

```rust
use std::{collections::HashMap, fs::OpenOptions};
use chrono::NaiveDate;
use clap::{Args, Parser, Subcommand};
use csv::{Reader, Writer, WriterBuilder};
use serde::{Deserialize, Serialize};
#[derive(Parser)]
#[clap(version = "1.0")]
struct App {
    #[clap(subcommand)]
    command: Command,
}
#[derive(Subcommand)]
enum Command {
    /// 新しい口座を作る
    New(NewArgs),
    Deposit(DepositArgs),
    Withdraw(WithdrawArgs),
    Import(ImportArgs),
```

6-3　CSV ファイルを扱ってみよう　　221

```rust
        Report(ReportArgs),
}
#[derive(Args)]
struct NewArgs {
    account_name: String,
}
impl NewArgs {
    fn run(&self) {
        let file_name = format!("{}.csv", self.account_name);
        let mut writer = Writer::from_path(file_name).unwrap();
        writer.write_record(["日付", "用途", "金額"]).unwrap();
        writer.flush().unwrap();
    }
}
#[derive(Args)]
struct DepositArgs {
    account_name: String,
    date: NaiveDate,
    usage: String,
    amount: u32,
}
impl DepositArgs {
    fn run(&self) {
        let open_option = OpenOptions::new()
            .write(true)
            .append(true) // 追記モード
            .open(format!("{}.csv", self.account_name))
            .unwrap();
        let mut writer = Writer::from_writer(open_option);
        writer
            .write_record(&[
                self.date.format("%Y-%m-%d").to_string(),
```

```rust
                self.usage.to_string(),
                self.amount.to_string(),
            ])
            .unwrap();
        writer.flush().unwrap();
    }
}
#[derive(Args)]
struct WithdrawArgs {
    account_name: String,
    date: NaiveDate,
    usage: String,
    amount: u32,
}
impl WithdrawArgs {
    fn run(&self) {
        let open_option = OpenOptions::new()
            .write(true)
            .append(true) // 追記モード
            .open(format!("{}.csv", self.account_name))
            .unwrap();
        let mut writer = Writer::from_writer(open_option);
        writer
            .write_record(&[
                self.date.format("%Y-%m-%d").to_string(),
                self.usage.to_string(),
                format!("-{}", self.amount),
            ])
            .unwrap();
    }
}
#[derive(Args)]
```

6-3　CSV ファイルを扱ってみよう　　　223

```rust
struct ImportArgs {
    src_file_name: String,
    dst_account_name: String,
}
impl ImportArgs {
    fn run(&self) {
        let open_option = OpenOptions::new()
            .write(true)
            .append(true) // 追記モード
            .open(format!("{}.csv", self.dst_account_name))
            .unwrap();
        let mut writer = WriterBuilder::new()
            .has_headers(false)
            .from_writer(open_option);
        let mut reader = Reader::from_path(&self.src_file_name).unwrap();
        for result in reader.deserialize() {
            let record: Record = result.unwrap();
            writer.serialize(record).unwrap();
        }
    }
}
#[derive(Serialize, Deserialize)]
struct Record {
    日付: NaiveDate,
    用途: String,
    金額: i32,
}
#[derive(Args)]
struct ReportArgs {
    files: Vec<String>,
}
impl ReportArgs {
```

```rust
    fn run(&self) {
        let mut map = HashMap::new();
        for file in args.files {
            let mut reader = Reader::from_path(file).unwrap();
            for result in reader.records() {
                let record = result.unwrap();
                let amount: i32 = record[2].parse().unwrap();
                let date: NaiveDate = record[0].parse().unwrap();
                let sum = map.entry(date.format("%Y-%m").to_string())
                    .or_insert(0);
                *sum += amount;
            }
        }
        println!("{:?}", map);
    }
}
fn main() {
    let args = App::parse();
    match args.command {
        Command::New(args) => args.run(),
        Command::Deposit(args) => args.run(),
        Command::Withdraw(args) => args.run(),
        Command::Import(args) => args.run(),
        Command::Report(args) => args.run(),
    }
}
```

このコードで実行すると対象口座の収支を月次で集計したレポートを見ることができます。

```
$ cat 口座1.csv
日付,用途,金額
2024-01-01,お年玉,100
```

6-3 CSVファイルを扱ってみよう 225

```
2024-01-11,書籍代,-10

// 新しく用意
$ cat 口座2.csv
日付,用途,金額
2024-01-01,お年玉,100
2024-02-01,書籍代,-200
2024-01-01,お年玉,100
2024-01-11,書籍代,-10


// 口座1 と 口座2 を集計した月次レポートが出力される
$ ./target/debug/kakeibo report 口座1.csv 口座2.csv
{"2024-01": 280, "2024-02": -200}
```

COLUMN　バッチ処理とメンテナンス

---

　import コマンドや report コマンドで実装したバルク処理は、処理したい対象のデータをユーザー自身が個別に指定して実行するようになっています。

　ところで、ウェブアプリケーションのバックエンドを開発していると、バルク処理とは別に、毎日や毎週といったタイミングでまとまった量のデータを処理したくなることがあります。例えば、ユーザーが退会して不要になったデータをまとめて削除する場面などです。このように、ユーザー操作とは関係のない特定のタイミングでまとめて行われる処理のことを、**バッチ処理**といいます。

　バッチ処理は対象となるデータの量が多くなりがちで、多くの場合処理に時間がかかります。中には数時間から数日かかる場合もあるでしょう。

　バッチ処理の途中でユーザーがデータの読み書きをすると、不完全な状態のデータをユーザーが目にすることになり、システムの不具合につながります。そのため、バッチ処理はアクセスの少ない夜間に行い、その間はシステムの**メンテナンス時間**としてユーザーに操作をさせない場合があります。メンテナンス時間中はバッチ処理の実行以外にも、OS のアップデートやアプリケーションのデプロイなどさまざまなことが行われています。

まとめ

お疲れさまでした。本章では CSV ファイルを利用したプログラムの実行を超えたデータの永続化、今まで学んできた enum や関数、HashMap や Vec といったコレクションなどを用いて家計簿アプリを作りながら CLI コマンドの作り方を見てきました。本章でサブコマンドの単位となっていた CRUD や永続性はウェブアプリケーションを作るうえでも基本的な構成単位となります。

第 7 章

自作ライブラリを
公開できるようになろう
［ 本棚ツール ］

ここまでの章では、すべてのコードを1つのファイルにまとめて書いていました。

本章では、コードをうまく整理できるように、モジュールシステムについて学びます。最終的には、自分でライブラリを作ることを目指します。

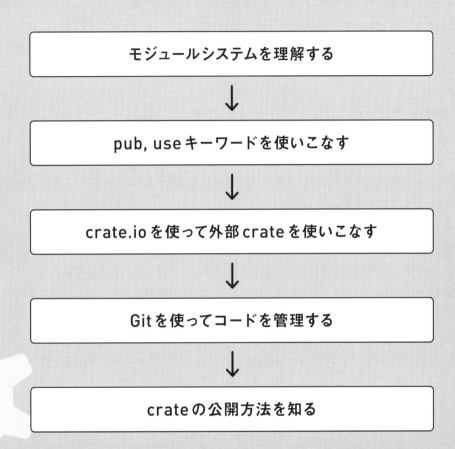

SECTION 7-1 | package, crate, module を理解しよう

　ここまでの第1章〜第6章では、すべてのコードを main.rs ファイルに実装してきました。しかし、第2章から次第にコードの行数が増えていき、第6章では機能も増えコードの全体像の把握が難しくなるほどの行数になりました。

　実際にバックエンドエンジニアとして業務でプロダクトを開発するときには、非常に多くの機能が必要になります。1つのプロダクトしか開発しない場合でも、すべてのコードを一度に頭に入れておくのはほぼ不可能です。そのため、関連する機能を適切にまとめ、異なる特徴を持つコードを効果的に分割することで、特定の機能がどこに実装されているのかがわかりやすくなり、機能の修正や変更も容易になります。

　機能を分割してそれぞれを独立したまとまりにすることで、利用者はその機能の使い方だけを理解していれば、実装の詳細を知らなくても使用することができます。これにより、コードをより高いレベルで再利用できるようになります。Rustでは、関数などの定義に付け加えるキーワードを使って、ほかのコードから呼び出せる部分と、自分専用の部分を区別することができます。

　Rustには、どの実装を公開・非公開にするのか、どの名前がプログラムのそれぞれのスコープにあるか、などといったコードのまとまりを保つための機能がたくさんあります。これらの機能をまとめて**モジュールシステム**と呼びます。

packageとcrate

　crateには2つの形式が存在します。

　1つ目は、**binary crate**です。binary crateはコマンドラインやサーバー上で動作するプログラムのような実行可能ファイルにコンパイルできるプログラムのことを指します。第1章〜第6章では fn main() {...} という記述でmain関数にさまざまな動作を実装してきましたが、この

main関数に実行されたときの処理を定義することになります。

2つ目は、**library crate**です。library crateはmain関数を持たず、そのため単独で実行可能ファイルにコンパイルされることはありません。library crateは複数のプロジェクトで共有することを目的とした機能群を提供します。実際の開発現場で単にcrateと言っているとき、ほとんどの場合このlibrary crateを指しています。一般的なプログラミングで使われるライブラリという言葉と同じ意味です。

次に、packageについて説明します。

Rustにおいて、**package**は一連の機能を提供する1つ以上のcrateをまとめたものです。Cargo.tomlという名前の設定ファイルと、ソースコードが含まれるsrcディレクトリから成り立っています。このCargo.tomlファイルは、パッケージの名前、バージョン、作者などの情報、そして依存関係を管理します。

1つのpackageは、最大で1つのlibrary crateと任意の数のbinary crateを含むことができます。それぞれのcrateは、srcディレクトリ内のRustソースファイルから成り立っています。library crateのソースコードはsrc/lib.rsに、binary crateのソースコードはsrc/main.rsに置かれます。また、追加のbinary crateはsrc/binディレクトリ内にそれぞれのファイルとして置かれます。

試しに、複数のbinary crateと1つのlibrary crateを持つpackageを作ってみましょう。まず、新しいpackageを作成します。ここでは、packageの名前をmy_packageとします。

```
$ cargo new --lib my_package
```

このコマンドでは、--lib という見慣れないオプションが追加されています。このオプションを追加して cargo new すると、library crateを含んだpackageのひな型を生成してくれます。実行するとmy_packageという名前の新しいディレクトリが作成され、その中にはsrc/lib.rsというファイルとCargo.tomlというファイルが含まれています。

この新しく作られたライブラリに次の関数を実装します。src/lib.rsを次のように書き換えます。

```
pub fn hello(name: &str) {
    println!("Hello, {}", name);
}
```

単純に引数の文字列を出力するだけの関数です。

続いて、binary crate を追加するため、src/binディレクトリを作成してファイルを2つ作成します。

src/bin/bin.rs
```
use my_package::hello;

fn main() {
    hello("bin_1");
}
```

src/bin/bin2.rs
```
use my_package::hello;

fn main() {
    hello("bin_2");
}
```

見慣れないキーワードであるpubが登場しましたが、それ以外の部分は、以前に見たことがあるような内容です。モジュールシステムにおいては、pubに加えてuseも重要なキーワードであり、これらの使い方については後ほど説明します。今のところは、pubとuseを使えばmain関数からlibraryを呼び出すことができる、という理解で問題ありません。それでは、次のコマンドでbinary crateを実行してみましょう。

```
$ cargo run --bin bin
$ cargo run --bin bin2
```

それぞれ、異なる出力が得られます。

moduleを理解しよう

ここからは、module について説明します。

Rustでは、コードを整理し、再利用性と可読性を向上させるために、**module**という機能を提供しています。module をうまく利用することで、関連する関数や構造体、定数などをまとめて管理することができます。

module には、次のような利点があります。

1. **名前空間の提供**：module は、関連するアイテムを1つの名前空間にまとめることができます。これにより、同じ名前のアイテムがほかの場所で定義されていても、それぞれを区別することができるようになります
2. **再利用性の向上**：module を使うと、1つの場所で定義した関数や構造体をほかの場所で簡単に再利用することができます。これにより、コードの重複を避け、保守性を向上させることができます
3. **可読性と保守性の向上**：module は、関連するアイテムを1つの場所にまとめることで、コードの可読性と保守性を向上させます。また、このコードがほかのmodule からも利用できるものなのかどうかを定義することができます。これにより、コードの構造を理解しやすくなり、バグの発見や新しい機能の追加が容易になります

7-1 package, crate, module を理解しよう　　233

moduleを使ってみよう

Rustのmoduleシステムを使って、本棚ツールを作ってみましょう。

まずは先ほどと同様に、新しいパッケージを作ります。

```
$ cargo new --lib my_library
```

次に、生成されたsrc/lib.rsにmoduleを定義します。

```
mod library {
    mod book {}
    mod bookshelf {}
}
```

moduleはmodキーワードを書き、次にモジュールの名前を指定することで定義することができます。moduleの中には、ほかのmoduleを置くこともできますし、関数や構造体といったmodule以外の要素も置くことができます。

では、早速book moduleにBook構造体を次のように定義しましょう。

```
mod book {
    struct Book {
        title: String,
        author: String,
    }
    impl Book {
        fn new(title: &str, author: &str) -> Self {
            Self {
                title: title.to_string(),
                author: author.to_string(),
```

234　　　第7章　自作ライブラリを公開できるようになろう［本棚ツール］

```
            }
        }
    }
}
```

　book moduleの中に、タイトルと著者を持っているBook構造体を定義しました（implキーワードは第5章参照）。次にbookshelf moduleに本棚を定義します。

```
mod bookshelf {
    struct Bookshelf {
        books: Vec<Book>,
    }
    impl Bookshelf {
        fn new() -> Self {
            Self { books: Vec::new() }
        }
    }
}
```

　この時点で本棚は単純に本を複数保持するだけの構造体です。このコードは実はコンパイルに失敗します。

7-1　package, crate, moduleを理解しよう　　235

Bookという構造体がこのスコープでは見つからないという意味のエラーが出ています。これを解消するためには、Bookがどこにあるのかコンパイラに教えてあげる必要があります。

　説明のために、ここまで作ってきたmoduleがどのような構造になっているか図示します。まず、moduleはモジュールツリーと呼ばれるツリー構造を取ります。その根の部分がクレートルート（今回の場合lib.rs）であり、このクレートルート自体がcrateというモジュールを形成します。つまり、このlibrary crateの現在のモジュールツリーは次のようになります。

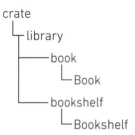

　今はまだプログラムが小さいのでモジュールツリーもシンプルですが、開発が進んでくるとモジュールツリーの規模も巨大になっていきます。ファイル数が増え構造も複雑になった中で単にBook構造体と言われても、それが定義されている場所を探すのはプログラマにとってもコンパイラにとっても大変なことです。そこで、Book構造体の定義されている場所をコンパイラに教えてあげるために、定義されている場所を表すパスを使います。つまり、あるmoduleの関数や構造体を利用したい場合、それらのパスを知っている必要があるということです。

　パスには絶対パスと相対パスの2種類があります。絶対パスはクレートルートからモジュールをたどっていくときのパスで、クレート内のどの場所から参照しても変わりません。一方、相対パスは今いるモジュールからの相対的な位置を表すパスで、参照元のモジュールの位置によってパスが変わります。それではそれぞれでBook構造体を表すパスを書いてみましょう。

絶対パスの場合

```
// crateはクレートルートを指す
crate::library::book::Book;

// my_libraryはcrateの名前
```

```
my_library::library::book::Book;
```

相対パスの場合（現在のmoduleはbookshelf）

```
// superは1つ親のmoduleであるlibraryを指す
super::book::Book;

// 今回は使いませんが、selfという自分自身を指すキーワードも利用できます
self::super::book::Book;
```

では、早速Bookをパスに書き換えてみましょう。

```
mod bookshelf {
    struct Bookshelf {
        books: Vec<super::book::Book>,
    }
    impl Bookshelf {
        fn new() -> Self {
            Self { books: Vec::new() }
        }
    }
}
```

これでもまだコンパイルは通りません。次のエラーメッセージを確認してみましょう。

7-1 package, crate, module を理解しよう

```rust
mod library {
    mod book {
        1 implementation
        struct Book {
            title: String,
            author: String,
        }
        impl Book {
            fn new(title: &str, author: &str) -> Self {
                Self {
                    title: title.to_string(),
                    author: author.to_string(),
                }
            }
        }
    }
    mod bookshelf {
        1 implementation
        struct Bookshelf {
            books: Vec<super::book::Book>,
        }

        impl Bookshelf {
            fn new() -> Self {
                Self { books: Vec::new() }
            }
        }
    }
} mod library
```

```
struct `Book` is private
private struct rustc(Click for full compiler diagnostic)

lib.rs(3, 9): the struct `Book` is defined here

View Problem (⌥F8)    Quick Fix... (⌘.)
```

　パスは正しく、Book構造体を見つけることはできたが、Book構造体が非公開であるため利用できないというエラーが出ています。

　Rustではあらゆる要素が標準で非公開になっています。より厳密にはモジュールプライベートになっており、親モジュールの要素は子モジュールの非公開要素を使うことはできないが、子モジュールの要素はその祖先モジュールの要素を利用することができます。こうなっていることで、子モジュールは親などの外部モジュールに対して実装の詳細を隠蔽することができ、変更する際に外部のコードを直接破壊することがないということが担保されます。

　しかし、すべての要素が非公開のままでは、外部から使える要素は当然なにもありません。この場合に使うのがpubキーワードです。Rustは何もつけずに要素を定義すると非公開になるため、このpubキーワードを書くことによって、外部に公開することを明示的に指定する必要があります。

238　　　　第7章　自作ライブラリを公開できるようになろう［本棚ツール］

> **COLUMN** **pubキーワードとその仲間たち**
>
> 要素を公開するために必要なpubキーワードですが、公開範囲の異なる類似のキーワードがあります。
>
> - **pub**：モジュールの外部からアクセスが可能になります。すべてのアイテムが外部から見える状態です
> - **pub(crate)**：このアイテムはクレート内からのみアクセスが可能な状態です
> - **pub(super)**：このアイテムは親モジュールからアクセスが可能な状態です
> - **pub(in path)**：このアイテムは、指定されたパスのモジュールからのみアクセスが可能な状態です
>
> これら4つのアクセス制御を使い分けていく形になります。基本的には、公開範囲は必要最低限に留めておくことが望ましいです。公開が必要な場合のみ、必要な範囲に限定して公開するよう心がけるとよいでしょう。

Book構造体にpubキーワードをつけてみましょう。

```rust
mod library {
    mod book {
        1 implementation
        pub struct Book {
            title: String,
            author: String,
        }

        impl Book {
            fn new(title: &str, author: &str) -> Self {
                Self {
                    title: title.to_string(),
                    author: author.to_string(),
                }
            }
        }
    }
    mod bookshelf {
        1 implementation
        struct Bookshelf {
            books: Vec<super::book::Book>,
        }

        impl Bookshelf {
            fn new() -> Self {
                Self { books: Vec::new() }
            }
        }
    }
} mod library
```

7-1　package, crate, module を理解しよう

これで無事にコンパイルが通りました。

この本棚にはまだ本を追加するための機能などが何も実装されていません。これから、さまざまな機能がBookshelfに実装されていくとどうなっていくか確認してみましょう。

```rust
mod bookshelf {
    pub struct Bookshelf {
        books: Vec<super::book::Book>,
    }

    impl Bookshelf {
        pub fn new() -> Self {
            Self { books: Vec::new() }
        }

        // 本を追加するメソッド
        pub fn add_book(&mut self, book: super::book::Book) {
            self.books.push(book);
        }

        // タイトルで本を検索するメソッド
        pub fn search_books(
            &self,
            title_query: &str
        ) -> Vec<&super::book::Book> {
            todo!("Implement `Bookshelf::search_books`");
        }

        // 本を本棚から取り出すメソッド
        pub fn remove_book(
            &mut self,
            book: &super::book::Book
```

240　　第7章　自作ライブラリを公開できるようになろう［本棚ツール］

```
    ) -> Option<super::book:Book> {
        todo!("Implement `Bookshelf::remove_book`");
    }


    // 本棚の本をすべて取り出すメソッド
    pub fn take_all_books(&mut self) -> Vec<super::book::Book> {
        todo!("Implement `Bookshelf::take_all_books`");
    }


    // ...etc
    }
}
```

　本棚には当然本を入れることができますし、取り出すこともできます。このように本に関係した操作が複数実装されることでしょう。すると先ほど説明した、Book構造体のパスが何度も繰り返し登場することがわかるでしょう。このパスはmoduleの名前が長くなれば記述も長くなりますし、モジュールツリーが深くなるほど長くなります。これを必ず繰り返して書かなければならないのは不便です。

　Rustにはこれを簡単にするため、**use**というキーワードがあります。どのように使うのか、まずは実装を見ていきましょう。

```
mod bookshelf {
    use super::book::Book;

    pub struct Bookshelf {
        books: Vec<Book>,
    }

    impl Bookshelf {
        pub fn new() -> Self {
            Self { books: Vec::new() }
```

7-1　package, crate, moduleを理解しよう

```rust
    }
    // 本を追加するメソッド
    pub fn add_book(&mut self, book: Book) {
        self.books.push(book);
    }
    // タイトルで本を検索するメソッド
    pub fn search_books(&self, title_query: &str) -> Vec<&Book> {
        todo!("Implement `Bookshelf::search_books`");
    }
    // 本を本棚から取り出すメソッド
    pub fn remove_book(&mut self, book: &Book) -> Option<Book> {
        todo!("Implement `Bookshelf::remove_book`");
    }
    // 本棚の本をすべて取り出すメソッド
    pub fn take_all_books(&mut self) -> Vec<Book> {
        todo!("Implement `Bookshelf::take_all_books`");
    }
    // ...etc
    }
}
```

bookshelfmoduleにuse super::book::Bookという記述が追加されており、これまで
super::book::Bookと書いていたところが単にBookとなっています。このように、useキーワー
ドを使うことで、このmoduleのスコープに、このパスにある要素を持ち込むことができます。
これにより、毎回パスをすべて書く必要がなくなります。

ただし、なんでもuseで要素のパスを持ち込めばよいという話ではありません。例えば、同じ
名前の要素が別の場所に定義されている場合を考えてみましょう。

library module に次のように magazine という module を追加します。また、magazine
module と book module それぞれに Page という構造体を追加します。

```
mod library {
    mod book {
        // ...省略
        pub struct Page {
            pub content: String,
        }
    },
    mod magazine {
        pub struct Page {
            pub content: String,
        }
    },
    mod bookshelf {
        // ...省略
    }
}
```

このような構造になっている場合、Page構造体の名前が同じになっており、先ほどのように単純に bookshelf module でそれぞれの Page 構造体をスコープに持ち込もうとした場合、次のようになります。

```
mod bookshelf {
    use super::book::Page;
    use super::magazine::Page;

    fn some_function() {
        // このPageがどちらのPageを指すか決めることができない
        Page { content: "Hello".to_string() }
    }
}
```

7-1 package, crate, module を理解しよう   243

実際、このようなことをやろうとした場合、次のようにrust-analyzerが注意を促してくれます。

```
use super::book::Book;
use super::book::Page;
use super::magazine::Page;

    the name `Page` is defined multiple times
    `Page` must be defined only once in the type namespace of this module rustc(Click for full compiler diagnostic)

    bookshelf.rs(2, 5): previous import of the type `Page` here

    bookshelf.rs(3, 5): you can use `as` to change the binding name of the import: `super::magazine::Page as OtherPage`

    unused import: `super::magazine::Page` rustc(Click for full compiler diagnostic)

    bookshelf.rs(3, 1): remove the whole `use` item

    my_library::library::magazine
    // size = 24 (0x18), align = 0x8
    pub struct Page {
        pub content: String,
    }

    0 implementations

    View Problem (⌥F8)    Quick Fix... (⌘.)
```

　こういった場合の対処方法は簡単に2つ存在しています。1つ目は、対象の要素の親module を持ち込む方法です。先ほどの実装を以下のように書き換えることで、どちらのPage構造体を 指すか明らかにします。

```rust
mod bookshelf {
    use super::book;
    use super::magazine;

    fn some_function() {
        book::Page { content: "Hello".to_string() }
    }
}
```

　もう一つの方法はasキーワードを使って別名をつける方法です。

```rust
mod bookshelf {
    use super::book::Page;
```

```
use super::magazine::Page as MagazinePage;


fn some_function() {
    Page { content: "Hello".to_string() }
}
}
```

これらはどれを使っても問題ありませんので、お好みに合わせてお使いください。

COLUMN　**use キーワードの慣習**

実は、use キーワードの使い方には慣例がありますので紹介します。本書でも触れましたが、この
キーワードを使うことで、ほかのモジュールやクレートから要素を持ち込むことができます。しかし、
持ち込む要素によって、書き方に少し違いが出てくる場合があります。

例えば、次のようなモジュールを考えてみましょう。この add 関数を使いたいとします。そんなと
き、どのようにしてこの関数を持ち込むのでしょうか。

```
mod utilities {
    pub mod math {
        pub fn add(a: i32, b: i32) -> i32 {
            a + b
        }
    }
}
```

フルパスで指定する
```
use crate::utilities::math::add;
fn main() {
    let sum = add(5, 10);
    println!("The sum is {}", sum);
}
```

7-1　package, crate, module を理解しよう　　　245

関数の1つ上のモジュールまで指定する

```
use crate::utilities::math;
fn main() {
    let sum = math::add(5, 10);
    println!("The sum is {}", sum);
}
```

　上記のように、2つの方法が考えられます。実際、どちらの方法でも動作しますが、基本的には後者の方法を採用します。理由としては、フルパスで要素を持ち込んだ場合、その関数がローカルで定義されたものなのか、外部から持ち込まれたものなのかが不明瞭になるためです。

　一方で、関数以外の要素については、フルパスで持ち込むのが一般的です。これには特別な理由はなく、自然に生まれた慣習ではありますが、多くのRustaceanが親しんでいる書き方ですので、ぜひ参考にしてみてください。

　useを使ってパスを持ち込む際には、どのレベルのパスを持ち込むかを慎重に考える必要があります。とくに、グローバルスコープに多くの要素を持ち込むと、コードの可読性が下がり、どのモジュールからの要素なのかが不明確になる可能性があります。必要な要素だけを限定的にスコープ内に持ち込み、使用するパスはできるだけ具体的なものにするとよいです。

　また、特定のモジュールから多くの要素を使用する場合は、モジュール自体をuseしてスコープに持ち込み、必要な要素に対してモジュール名をつけてアクセスする方法もあります。これにより、どの要素がどのモジュールから来ているのかが明確になり、名前の衝突を避けつつコードの整理がしやすくなります。

moduleを複数ファイルに分割してみよう

　ここまでlib.rsだけにすべてを実装してきました。しかし、実装が増えてくるにつれ、ファイルのサイズがどんどん大きくなっていきます。ここで、別のファイルにmoduleを切り出す方法を学びましょう。

mod キーワードを使うことで、module を定義することができますが、この module の宣言時、定義のブロックを書かずに ; で終わらせると、同名のファイルやフォルダを module として読み込むことができます。

まず、次のように src/library ディレクトリを作成し、その中に mod.rs, book.rs, bookshelf.rs ファイルを作成します。

```
$ mkdir src/library
$ touch src/library/mod.rs
$ touch src/library/book.rs
$ touch src/library/bookshelf.rs
```

src/lib.rs と src/library/mod.rs に module の宣言を書きます。このとき宣言する名前は、先ほど作ったファイルやディレクトリの名前と一致します。

src/lib.rs
```
pub mod library;
```

src/library/mod.rs
```
pub mod book;
pub mod bookshelf;
```

book.rs ファイルに book モジュールの内容を移動します。

src/library/book.rs
```
pub struct Book {
    title: String,
    author: String,
}

impl Book {
    fn new(title: &str, author: &str) -> Self {
```

7-1　package, crate, module を理解しよう　　**247**

```
        Self {
            title: title.to_string(),
            author: author.to_string(),
        }
    }
}
```

このとき、book.rsでは改めてmod book { ... } と書く必要はなく、単純にmoduleの中身だけ
書けば十分です。

src/library/bookshelf.rs

```
struct Bookshelf {
    books: Vec<super::book::Book>,
}


impl Bookshelf {
    pub fn new() -> Self {
        Self { books: Vec::new() }
    }
    // 本を追加するメソッド
    pub fn add_book(&mut self, book: Book) {
        self.books.push(book);
    }
    // タイトルで本を検索するメソッド
    pub fn search_books(&self, title_query: &str) -> Vec<&Book> {
        todo!("Implement `Bookshelf::search_books`");
    }
    // 本を本棚から取り出すメソッド
    pub fn remove_book(&mut self, book: &Book) -> Option<Book> {
        todo!("Implement `Bookshelf::remove_book`");
    }
    // 本棚の本をすべて取り出すメソッド
```

```
    pub fn take_all_books(&mut self) -> Vec<Book> {
        todo!("Implement `Bookshelf::take_all_books`");
    }
    // ...etc
}
```

たったこれだけでファイルの分割は完了です。試しに、src/lib.rsからBookshelf構造体を呼
び出してみましょう。

```
mod library;

fn function_1() {
    let shelf = crate::library::bookshelf::Bookshelf::new();
}

fn function_2() {
    use library::bookshelf;
    let shelf = bookshelf::Bookshelf::new();
}
```

Bookshelf構造体を作るだけの関数を書きましたが、問題なくコンパイルできます。

　ここでは、パッケージを複数のcrateに、crateを複数のmoduleに分割して、それらのmodule
を絶対パスまたは相対パスを使って指定することで、ほかのmoduleから参照する方法を学びました。

　これらの手段をうまく活用して、プロジェクトの構造を整理しつつ、各機能の独立性を担保し
た実装を心がけましょう。

7-1　package, crate, module を理解しよう　　　249

SECTION 7-2 外部 crate を使ってみよう

Rust プロジェクトは、プロジェクト外の**外部 crate** を簡単に取り込むことができます。これによって多くの先達が作り上げてきたさまざまな機能をプロジェクトで使えるようになり、プログラムの開発が強力に推し進められます。ここでは、具体的な外部 crate の探し方、またプロジェクトに追加する方法、その使い方を説明します。

crates.io

Cargo は Rust のパッケージマネージャでもあることに第 2 章で触れましたが、いよいよ本領を発揮します。

何か大きな、あるいは複雑なプロジェクトを作る際、すべて自分の手で実装する必要はありません。多くの先達が作り上げて世に公開した crate を自分の Rust プロジェクトに組み込むことができます。

crates.io は Rust Foundation が公式に運営している、crate のホスティングサービスであり、公開されている crate を検索し、自分のプロジェクトで利用することができます。例えば、日付と時刻を扱う chrono crate や、HTTP クライアント機能を提供する reqwest crate など、さまざまな目的に応じた crate が登録されています。

crate を追加する

実際に外部の crate を探して追加する方法を学びましょう。

実はすでにこの方法を身につけています。第 3 章や第 4 章で、cargo add というコマンドを利用したことを覚えているでしょうか？　あれこそが外部の crate を使う方法です。

cargo add はこれからもよく使うコマンドですし、今後cargoのほかのサブコマンドも使うこ
とになるでしょう。そこで、cargo addの使い方の前に、cargoのサブコマンドの調べ方を説明
します。まず、次のコマンドでcargoのhelpを見てみましょう。

```
$ cargo help
```

すると次のような出力が得られます。

```
Rust's package manager

Usage: cargo [+toolchain] [OPTIONS] [COMMAND]
       cargo [+toolchain] [OPTIONS] -Zscript <MANIFEST_RS> [ARGS]...

Options:
  -V, --version            Print version info and exit
      --list               List installed commands
      --explain <CODE>     Provide a detailed explanation of a rustc
error message
  -v, --verbose...         Use verbose output (-vv very verbose/build.rs
output)
  -q, --quiet              Do not print cargo log messages
      --color <WHEN>       Coloring: auto, always, never
  -C <DIRECTORY>           Change to DIRECTORY before doing anything
(nightly-only)
      --frozen             Require Cargo.lock and cache are up to date
      --locked             Require Cargo.lock is up to date
      --offline            Run without accessing the network
      --config <KEY=VALUE> Override a configuration value
  -Z <FLAG>                Unstable (nightly-only) flags to Cargo, see
'cargo -Z help' for details
  -h, --help               Print help
```

7-2　外部crateを使ってみよう　　　251

```
Commands:
    build, b     Compile the current package
    check, c     Analyze the current package and report errors, but don't
build object files
    clean        Remove the target directory
    doc, d       Build this package's and its dependencies' documentation
    new          Create a new cargo package
    init         Create a new cargo package in an existing directory
    add          Add dependencies to a manifest file
    remove       Remove dependencies from a manifest file
    run, r       Run a binary or example of the local package
    test, t      Run the tests
    bench        Run the benchmarks
    update       Update dependencies listed in Cargo.lock
    search       Search registry for crates
    publish      Package and upload this package to the registry
    install      Install a Rust binary
    uninstall    Uninstall a Rust binary
    ...          See all commands with --list

See 'cargo help <command>' for more information on a specific command.
```

addはmanifest fileに依存を追加するコマンドということが書かれています。cargoにあるサブコマンドとその簡単な説明がわかったので、つづいてcargo addの使い方を見てみましょう。

```
$ cargo help add
```

すると次のような出力が得られます（出力はqで抜けることができます）。

```
NAME
        cargo-add — Add dependencies to a Cargo.toml manifest file
```

```
SYNOPSIS
      cargo add [options] crate…
      cargo add [options] --path path
      cargo add [options] --git url [crate…]


~~~ 省略 ~~~


EXIT STATUS
      ·  0: Cargo succeeded.


      ·  101: Cargo failed to complete.


EXAMPLES
      1. Add regex as a dependency


            cargo add regex


      2. Add trybuild as a dev-dependency


            cargo add --dev trybuild


      3. Add an older version of nom as a dependency


            cargo add nom@5


      4. Add support for serializing data structures to json with
derives


            cargo add serde serde_json -F serde/derive


      5. Add windows as a platform specific dependency on cfg(windows)
```

7-2　外部 crate を使ってみよう　　253

```
          cargo add windows --target 'cfg(windows)'

SEE ALSO
     cargo(1), cargo-remove(1)
```

　さまざまなオプションや使い方が列挙されていますが、すべてを把握する必要はありません。末尾に具体的な使用例が載っているので、コマンドの使い方がわからない場合はまずはこちらを参照しましょう。

　単純に依存（外部のcrate）を追加するだけなら、EXAMPLESの1の方法で追加できます。古いバージョンを指定したい場合は3のようにcrateの名前の後にversionをつける必要があります。今後コマンドの使い方を調べる際には、このように対象のコマンドについて詳細に調べることができます。

　cargo add で追加する crate を crates.io で探してみましょう。crateを探すには、まず https://crates.io/ にアクセスし、画面上部の検索ボックスに検索キーワードを入力します。

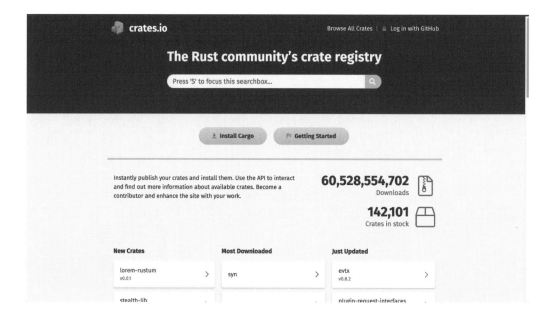

試しに、"generate random number" と検索ボックスに入力し、ランダムな数字を生成する
crateを探してみましょう。

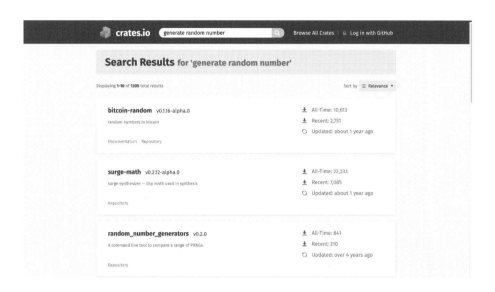

初期状態では、最も検索ワードに近いcrateから並んでいるので、必ずしも先頭にあるcrate
が一番使いやすく安定しているとは限りません。そこで、ダウンロード数が多い順に並べ替えて
みましょう。

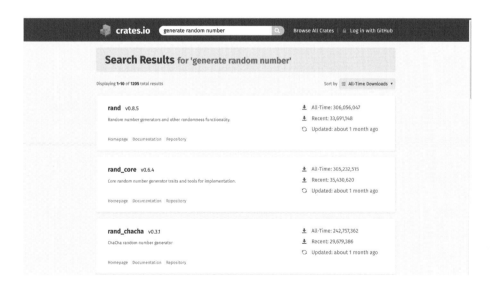

最も利用されているのはrandというcrateのようです。このcrateは、すでに第3章で利用しています。検索結果画面からrand crateのページを開くと、このcrateの詳細な情報が手に入ります。このcrateが最後に更新されてから経過した日数や、利用にあたって守るべきライセンスなど、さまざまな情報が集約されています。使い方に迷ったときはDocumentationのリンク先を読んだり、実装が気になるときはRepositoryをのぞいたりしてみましょう。

COLUMN　クレートのライセンスについて

　Rustのクレート（ライブラリ）は、さまざまな**ライセンス**（ソフトウェアの利用条件）で提供されています。すべてのライセンスを理解するのは難しいかもしれませんが、次のポイントに気をつけるとよいでしょう。

主要なライセンス
- **MIT**：簡単で許可的なライセンス。ほとんどの使用が許可されます
- **Apache 2.0**：特許権の明示的な許可を含む許可的なライセンス
- **GPL**：コードの共有と変更を許可しますが、派生物も同じライセンスを使用する必要があります

確認すべきポイント
1. **Cargo.toml ファイル**：クレートのライセンス情報が記載されています

```
[package]
name = "my_crate"
version = "0.1.0"
license = "MIT OR Apache-2.0"
```

2. **READMEやLICENSEファイル**：これらのファイルにライセンスの詳細が記載されています
3. **crates.ioのページ**：こちらにもライセンス情報が記載されています

ライセンスに関する注意点
- **商用利用の制限**：GPLなどの一部のライセンスは、商用利用に制限があります
- **ライセンスの互換性**：複数のライブラリを使用する場合、ライセンスの互換性に注意が必要です
- **特許権**：Apache 2.0など、一部のライセンスには特許権に関する条項があります

　ライセンスはソフトウェアの利用と配布に関わる重要な要素です。主要なライセンスの特徴を理解し、必要な情報を確認することで、安心してクレートを利用できます。

SECTION 7-3 自作ライブラリを作ろう

さて、ここまで外部のライブラリを利用する方法を学んできましたが、いよいよあなたのライブラリを作ってみましょう。前節ではRustのモジュールシステムを学ぶために、本棚をモデリングしてきましたが、こちらをライブラリとして使える状態にしてみましょう。

実装してみよう

先ほど作った本棚に何か1つ機能を追加してみましょう。現在の本棚は、新しい本棚を作って本を入れておく、ということしかできません。本棚の中から本を探す機能を実装してみましょう。まずは、本の探し方を考えます。どのような探し方が思いつくでしょうか？ ここでは、完全一致検索と部分一致検索を実装することにします。次のようにBookshelf構造体に実装できます。

```rust
use super::book::Book;

pub struct Bookshelf {
    books: Vec<Book>,
}

impl Bookshelf {
    pub fn new() -> Self {
        Self { books: Vec::new() }
    }

    // 本を追加するメソッド
    pub fn add_book(&mut self, book: Book) {
        self.books.push(book);
    }
```

```
    // タイトル名の完全一致で本を検索するメソッド
    pub fn search_books_exact(&self, title_query: &str) -> Vec<&Book> {
        self.books.iter().filter(|book| book.title == title_query).collect()
    }
    // タイトル名の部分一致で本を検索するメソッド
    pub fn search_books_partial(&self, title_query: &str) -> Vec<&Book> {
        self.books.iter().filter(|book| book.title.contains(title_query)).collect()
    }
}
```

　この実装では期待通りに動作しないケースがあります。例えば「すごいぞChatGPT！AIを使って学ぼうRust！」という本があったときに、「chatgpt」というキーワードではヒットしません。なぜなら、Rustの文字列比較は大文字と小文字を区別するため、本のタイトルのChatGPTと検索キーワードのchatgptは別の文字列であると見なされるからです。では、これをうまく検索できるようにするにはどうすればよいでしょうか？　自分で大文字・小文字を区別しない検索を実装してもよいですが、今回は外部のcrateを使ってみましょう。

　crates.ioを開いて、fuzzy search（あいまい検索という意味）というキーワードで検索し、ダウンロード数順に並べてみましょう。

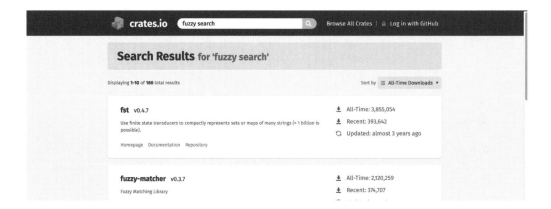

今回の用途には、上から2つ目のcrateが合致しそうです。この fuzzy-matcher という crate
を試してみましょう。

　先ほど作った my_library に移動して、次のコマンドを実行しましょう。

```
$ cargo add fuzzy-matcher
```

すると、次のようにCargo.tomlに依存が追加されます。

```
[package]
name = "my_library"
version = "0.1.0"
edition = "2021"

# See more keys and their definitions at https://doc.rust-lang.org/cargo/
reference/manifest.html

[dependencies]
fuzzy-matcher = "0.3.7"
```

　プロジェクトに追加できたので、この fuzzy-matcher を使って検索機能を実装します。なお、
今回は紙面の都合で省略していますが、新しくcrateを使うときは機能や使い方を把握するため
にまずドキュメントを読むことをおすすめします。

　次のように実装します。

```
use fuzzy_matcher::{skim::SkimMatcherV2, FuzzyMatcher};

use super::book::Book;

pub struct Bookshelf {
    books: Vec<Book>,
```

```
    matcher: SkimMatcherV2,
}

impl Bookshelf {
    pub fn new() -> Self {
        let matcher = SkimMatcherV2::default();
        Self { books: Vec::new(), matcher: matcher }
    }

    // 本を追加するメソッド
    pub fn add_book(&mut self, book: Book) {
        self.books.push(book);
    }

    // タイトルで本を検索するメソッド
    pub fn search_books(&self, title_query: &str) -> Vec<&Book> {
        self.books.iter().filter(|book| self.matcher.fuzzy_match(&book.
title, title_query).is_some()).collect()
    }
}
```

　fuzzy_matchという関数で曖昧なマッチングを実行することができ、Option型でどれくらい一致しているかのスコアを返してくれます。実際に動作させながら、挙動を見ていきましょう。簡単にこの実装を確認するためにテストを書いてみます。Rustにおける単体テストについての詳細は次の章で説明します。

　Bookshelfの実装の下にテストを追加してみましょう。

```
#[cfg(test)]
mod tests {
    use super::{Book, Bookshelf};
```

```
    #[test]
    fn test_bookshelf() {
        let mut shelf = Bookshelf::new();
        let book1 = Book::new("すごいぞChatGPT！AIを使って学ぼうRust！", "山田太
郎");
        let book2 = Book::new("Pythonプログラミング入門", "山田花子");
        shelf.add_book(book1);
        shelf.add_book(book2);

        let found_books = shelf.search_books("chatgpt");
        println!("{:?}", found_books);
    }
}
```

　ここで、println!("{:?}", found_books)のところでコンパイルエラーが出ます。これはBook構造体がDebugを実装していないからです。次のようにBook構造体にDebugをderiveしておきましょう。

src/library/book.rs

```
#[derive(Debug)]
pub struct Book {
    pub title: String,
    pub author: String,
}

impl Book {
    pub fn new(title: &str, author: &str) -> Self {
        Self {
            title: title.to_string(),
            author: author.to_string(),
        }
    }
}
```

テストを実行してみましょう。第2章で設定した環境の場合、次のようにテストの実装のうえに Run Test というボタンが出てきますので、こちらをクリックして実行することができます。

```rust
#[cfg(test)]
▶ Run Tests | Debug
mod tests {
    use super::{Book, Bookshelf};

    #[test]
    ▶ Run Test | Debug
    fn test_bookshelf() {
        let mut shelf: Bookshelf = Bookshelf::new();
        let book1: Book = Book::new(title: "すごいぞChatGPT！AIを使って学ぼうRust！", author: "山田太郎");
        let book2: Book = Book::new(title: "Pythonプログラミング入門", author: "山田花子");
        shelf.add_book(book1);
        shelf.add_book(book2);

        let found_books: Vec<&Book> = shelf.search_books(title_query: "chatgpt");
        println!("{:?}", found_books);
    }
}
```

このテストを実行すると、次のような出力が得られます。小文字の "chatgpt" というキーワードを入力した場合でもうまく検索できているということが読み取れます。

```
PROBLEMS    OUTPUT    DEBUG CONSOLE    TERMINAL    PORTS    GITLENS

● ✶ Executing task: cargo test --package my_library --lib -- library::bookshelf::tests::test_bookshelf --exact --show-output

    Finished test [unoptimized + debuginfo] target(s) in 0.29s
    Running unittests src/lib.rs (target/debug/deps/my_library-a390c710f12d0d77)

running 1 test
test library::bookshelf::tests::test_bookshelf ... ok

successes:

---- library::bookshelf::tests::test_bookshelf stdout ----
[Book { title: "すごいぞChatGPT！AIを使って学ぼうRust！", author: "山田太郎" }]

successes:
    library::bookshelf::tests::test_bookshelf

test result: ok. 1 passed; 0 failed; 0 ignored; 0 measured; 0 filtered out; finished in 0.00s

✶ Terminal will be reused by tasks, press any key to close it.
```

これで簡単な検索を実行できました。外部のcrateと同じように、ほかのcrateから実行できるか試してみましょう。

別のcrateから呼んでみよう

まず、公開してみる前に、手元の環境でほかのcrateから呼べるか確かめてみましょう。

前節で作ったmy_librarycrateと同じ階層に、新しくanother_binというbinary_crateを作ってみましょう。これまで何度かやってきたようにcargo newで作成します。

```
$ cargo new --bin another_bin
```

いつもと同じようにHello, world!を出力するだけのcrateが作成されます。このディレクトリに移動し、先ほど作ったmy_libraryを依存に追加しましょう。

```
$ cd another_bin
$ cargo add --path ../my_library
```

すると、次のようにCargo.tomlが編集されます。

```
[package]
name = "another_bin"
version = "0.1.0"
edition = "2021"

# See more keys and their definitions at https://doc.rust-lang.org/cargo/
reference/manifest.html

[dependencies]
my_library = { version = "0.1.0", path = "../my_library" }
```

7-3 自作ライブラリを作ろう　　263

では、another_bincrateのmain関数で本棚を作成し、本を検索してみましょう。

```rust
use my_library::library::{book::Book, bookshelf::Bookshelf};

fn main() {
    let mut shelf = Bookshelf::new();
    let book1 = Book::new("すごいぞChatGPT！AIを使って学ぼうRust！", "山田太郎");
    let book2 = Book::new("Pythonプログラミング入門", "山田花子");
    shelf.add_book(book1);
    shelf.add_book(book2);

    let found_books = shelf.search_books("chatgpt");
    println!("{:?}", found_books);
}
```

このmain関数を実行すると、次のような出力が得られ、先ほど作成した本棚のcrateが動作していることが確認できます。

```
PROBLEMS    OUTPUT    DEBUG CONSOLE    TERMINAL    PORTS    GITLENS

  Compiling my_library v0.1.0 (/Users/hige.yy/works/estie/writing/rust-for-BBE/my_library)
  Compiling another_bin v0.1.0 (/Users/hige.yy/works/estie/writing/rust-for-BBE/another_bin)
   Finished dev [unoptimized + debuginfo] target(s) in 0.70s
    Running `target/debug/another_bin`
[Book { title: "すごいぞChatGPT！AIを使って学ぼうRust！", author: "山田太郎" }]
⊠ Terminal will be reused by tasks, press any key to close it.
```

このように手元の環境では簡単に自分が作ったcrateを別のcrateから呼び出せることがわかりました。では、手元の環境だけでなく、別の人にこのcrateを使ってもらうためにはどうすればいいでしょうか？

264   第7章　自作ライブラリを公開できるようになろう［本棚ツール］

Gitを使ってみよう

別の人に使ってもらうためにはいくつかやり方がありますが、今回はGitを使って行います。

Gitとは、バージョン管理システムでソースコードの変更履歴を残しておくためのツールで、チーム開発をするうえで欠かせないものです。Gitを使うことで、履歴を残しながらソースコードをチームで共有することができるため、何かあったときに変更を元に戻したり、チーム内で同じファイルを同時に編集してしまった場合に他人の加えた変更の上書きを防止できたりします。

Gitの詳しい概念の説明や使い方を書くとそれだけで1冊の本になってしまうので今回は割愛します。詳しく知りたい方は、公式サイト[1]や日本語の入門サイト[2]を参照してください。

Gitでは、ソースコードの共有のためにリモートリポジトリと呼ばれる保管場所を使用します。リモートリポジトリを用意するためにはいくつか方法があります。今回は、ソースコードのホスティングサービスとしてGitHub[3]を使います。

まず、https://github.com/signup にアクセスし、メールアドレス、パスワード、ユーザー名を入力します。パスワードは、15文字以上、または数字とアルファベット小文字を含む8文字以上の文字列にする必要があります。サービスのアップデートの通知などについて聞かれた場合は、興味に応じてチェックを入れてください。

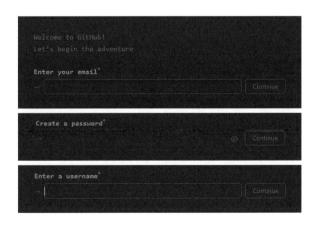

※1 https://git-scm.com/
※2 https://backlog.com/ja/git-tutorial/
※3 https://github.com/

これでアカウント作成完了です。

続けて、ターミナルからGitHubにアクセスするための認証トークンを発行します。https://github.com/settings/tokens/new にアクセスしてください。

Noteにトークンのわかりやすい名前を入力、Select scopesの中からrepoにチェックを入れ、ページ下部のGenerate tokenボタンを押します。

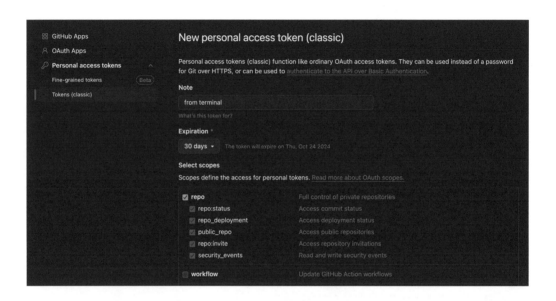

認証トークンが表示されるので、メモ帳など好きな場所にコピーアンドペーストします。この認証トークンは再表示できないので、大切に保管してください。

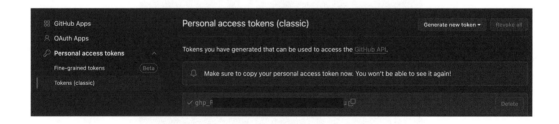

次に、実際に実装を置いていく場所（リポジトリ）を作ります。

https://github.com/（ユーザー名）にアクセスすると、次のようなページが表示されますので、この中のRepositoriesをクリックします。

右側のnewをクリックしてください。次のように必須項目のownerとリポジトリの名前だけを設定して、作成してください。

すると、次のようなページに遷移します。

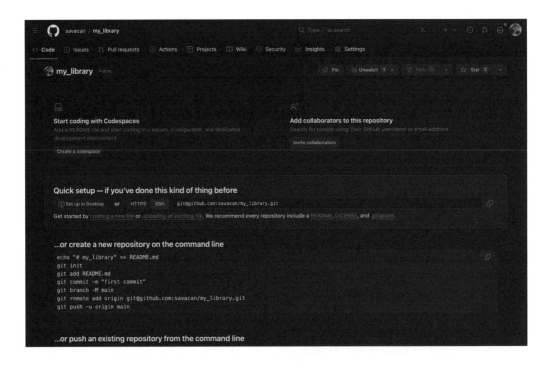

今回は、すでに実装が存在しているので、このリポジトリに実装をpushします。

VS Code の my_library を開いている画面を開き、自分の GitHub アカウントをターミナルで設定します。ここで、<username> と <emailaddress> は、アカウント登録時に設定したユーザー名とメールアドレスです。

```
$ git config --global user.name <username>
$ git config --global user.email <emailaddress>
$ git config --global credential.helper store
```

cargo new コマンドで作成した crate はすでに Git の管理下にあり、リモートリポジトリにひも付けることで、コードを push できます。次のコマンドを使ってリモートリポジトリを指定します。認証情報を聞かれた場合は、ユーザー名と先ほど作成した認証トークンを入力します。

```
$ git remote add origin https://github.com/<user_name>/<repository_name>.git
```

次のようにして、今回の差分をcommitしmainブランチを指定してそこに変更をpushします。

```
$ git add .
$ git commit -m "first commit"
$ git branch -M main
$ git push -u origin main
```

ここまで来ると次のように、GitHubのページで自分のリポジトリを確認できるはずです。

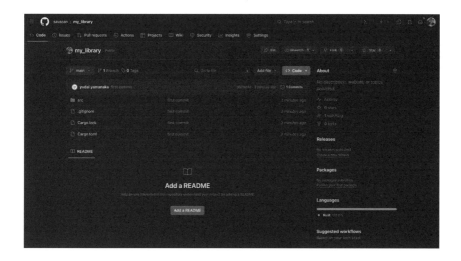

自作ライブラリを使ってみよう

これで、自作のcrateをほかの人に使ってもらうための準備ができました。それでは、このリモートリポジトリに存在する自分のライブラリを使ってみましょう。これまで、手元にあるcrateやcrates.ioに公開されている外部crateの使い方は紹介してきましたが、Gitで公開されているものを使うことも同様のコマンドで実現できます。

まず、今回はリモートリポジトリのcrateを使うためのbin crateを作成しましょう。

```
$ cargo new --bin use_remote_crate
```

次にこのcrateで先ほどGitHub に公開したmy_libraryを利用できるように設定します。
username, repository_name に先ほど設定した値を入れてください。

```
$ cd ./use_remote_crate
$ cargo add --git https://github.com/<username>/<repository_name>.git
```

これで、GitHubに公開したcrateを利用できます。Cargo.tomlが次のように書き換えられて
います。

```
[package]
name = "use_remote_crate"
version = "0.1.0"
edition = "2021"

# See more keys and their definitions at https://doc.rust-lang.org/cargo/
reference/manifest.html

[dependencies]
my_library = { git = "https://github.com/savacan/my_library.git", version
= "0.1.0" }
```

main.rsで利用してみます。

```
use my_library::library::{book::Book, bookshelf::Bookshelf};

fn main() {
    let mut shelf = Bookshelf::new();
    let book1 = Book::new("すごいぞChatGPT！AIを使って学ぼうRust！", "山田太郎");
    let book2 = Book::new("Pythonプログラミング入門", "山田花子");
    shelf.add_book(book1);
```

```
    shelf.add_book(book2);

    let found_books = shelf.search_books("chatgpt");
    println!("{:?}", found_books);
}
```

　これでリモートに存在する自分で公開した crate を利用できます。無事コンパイルが通り実行できれば成功です。

　これであなたが作った crate をほかの人に使ってもらうことができます！

COLUMN　crates.ioへの公開

　今回はGitを使ってほかの人にも使えるクレートを作成しました。あなたが今後Rustに慣れ、世界中のRustaceanに使ってもらいたいと思えるクレートができ上がったら、crates.ioに公開してみましょう。crates.ioへの公開方法を簡単に紹介します。ただし、一度公開されたクレートは取り消すことができないので、公開には気をつけてください。バージョンは絶対に上書きできず、コードも削除できません。十分にRustとプログラミングに慣れてから、公開することをおすすめします。

1. **クレートを実装する**
2. **ドキュメンテーションコメントを書く**
3. **Cargo.tomlにメタデータを記述する**
4. **crates.ioにアカウントを作成しAPIトークンを取得する**
5. **cargo publishで公開する**

　上記の手順で crates.io に公開できます。これらの手順を調べて理解できるようになるまで、公開に踏み切らないでください。ミスで公開してはならないものが永久に残ってしまうため、十分に慣れてから公開してください。

第7章

第 8 章

単体テストを
書けるようになろう
［ 勉強会カレンダーツール ］

これまでの章では、書かれている説明やコードに従って実装を進めていけば、ほぼ一本道でプログラムを作成できました。しかし、実際に自分で一からプログラムを作成する場合、最初からうまくいくことはほとんどなく、修正を繰り返しながら作ることになります。

本章では、勉強会の予定を管理するツールを作りながら、実用的なアプリケーションの作成に必要不可欠なテストの書き方について学びます。

第8章 Flow Chart

勉強会カレンダーツールができるまで

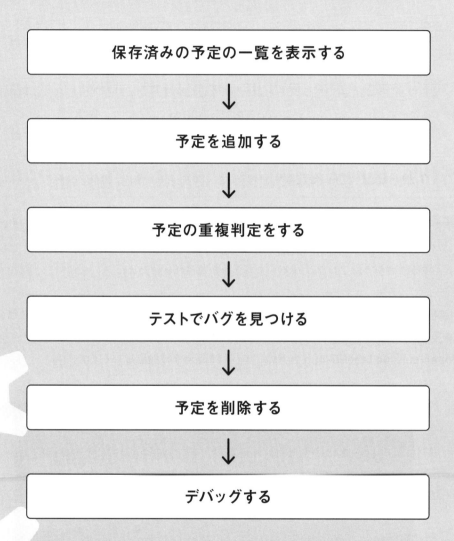

- 保存済みの予定の一覧を表示する
- 予定を追加する
- 予定の重複判定をする
- テストでバグを見つける
- 予定を削除する
- デバッグする

SECTION 8-1 テストとは何か

　勉強会の予定の管理ツールを作りはじめる前の話として、本章のテーマである**テスト**とはそもそも何でしょうか？

　ソフトウェア開発においてテストとは、「作成したソフトウェアが期待どおりに動作するか」確認することを指します。くだけた言い方をすると、「バグがないか」確認することです。

バグからは逃れられない

　実のところ、ソフトウェアを作ると必ずと言っていいほどどこかにバグが潜んでいます。どんなにバグを紛れ込ませない自信があっても、どんなに優れたソフトウェアエンジニアでも、どんなにバグがなさそうなプログラムでも、バグからは逃れられません。

　例えば、Rust のコンパイラの開発が続けられている GitHub のページ[1]を見てみましょう。改善要望やバグ報告などが並んでいる Issues タブを開きます。タブの真下の検索フィルターに **is:open is:issue label:C-bug** と入力して、バグ報告だけ抽出してみます。

※1　https://github.com/rust-lang/rust

広く使われていて安定しているRustのコンパイラですら、執筆時点で4000件弱のバグを抱えています。当然、コードに誤りがないか入念にチェックしながら開発されているのですが、それでもこれだけバグは紛れ込んでしまうのです。

テストをしよう

いくらバグからは逃れられないと言っても、ユーザーの視点に立つとバグだらけのソフトウェアは使いたくありません。バグから逃れられないからといって開き直るのではなく、バグを減らすための努力は必要です。

しかし、「バグを仕込まないように気をつける」という対策はバグを減らす方策としてとても実効性が低く、バグは引き続き紛れ込んでしまいます。なぜなら、誰もが仕込みたくてバグを仕込んでいるわけではなく、最初から気をつけているはずだからです。実際、先ほど見たように、さまざまな手段を使ってバグを減らしているはずの Rust のコンパイラですらいくつもバグが残っています。

効果的にバグを減らすための方法の一つが、さまざまな条件でソフトウェアを動かしてみてうまく動作するか確認する、という**テスト**です。テストはさまざまな条件で行う必要があるため、手動でのテストには大変な時間と労力がかかります。幸い、Rustにはテストを自動で行うための機能が言語機能として備わっています。後の節で触れるとおり、中には自動で行いにくいテストもありますが、自動でできることは自動で済ませるほうが時間と労力の節約になります[2]。

本章で扱うこと

ここまではバグ対策の観点からテストの必要性について説明しました。「作成したソフトウェアが期待どおりに動作するか」という言葉に立ち返ると、これから作るソフトウェアの動作を確かめるだけでなく、今あるソフトウェアが仕様変更や仕様追加に追従できているか確認すること

---

[2]　バグに対処する別のアプローチとして、ある種のバグが絶対にないことを数学的に保証する、形式手法があります。本書でこれまで触れてきた型システムは、形式手法の一つです。

8-1　テストとは何か

も重要な側面です。

　本章では、なぜ開発者はバグを忍ばせてしまうのか、仕様変更とバグにどう立ち向かっていくのか、プログラムを作りながら実感してもらいます。ほかの章とは異なり、本章のサンプルプログラムは、プログラムを完成させることではなく作ったプログラムを修正していくことが目的です。そのため、GitHub で公開されている完成後のソースコードを眺めて満足するのではなく、ぜひ本文に沿って手を動かしてみてください。

　なお、テスト設計の手法はそれだけで本が書けるほど奥深いものです。そのため、本章ではテスト設計に関しては基本的な概念の紹介にとどめます。テスト設計手法に関してより詳しく知りたい場合は、テスト設計に関する書籍を参照してください。

SECTION 8-2　予定を読み書きできるようにしよう

ツールの仕様

本章では、次の機能を持つ勉強会カレンダーツールを作成します。

- 勉強会の予定の一覧が表示できる
- 勉強会の予定の追加と削除ができる
- 同時に複数の勉強会には参加できないため、重複した予定は追加できないようにする

　前述のとおり、テストとは「作成したソフトウェアが期待どおりに動作するか」確認することです。そのため、単にツールを作るだけであればテストを書く必要はありません。しかし、ソフトウェアの動作をより確実にするため、可能な限りテストは書くようにしましょう。

データの保存形式

今回は第6章同様、予定の一覧はファイルに保存することにします。第6章と同じCSV形式で保存しても構わないのですが、今回は別のデータフォーマット **JSON** を使ってみましょう。

JSON は JavaScript Object Notation の略で、ウェブブラウザ上などで動作するプログラミング言語 JavaScript の文法を基に作られたデータフォーマットです。JSON には6種類の値（オブジェクト、配列、文字列、数値、真偽値、**null**）が格納できます。Rust の型に置き換えると、オブジェクトは第5章で登場した **HashMap**、真偽値は **bool**、**null** は **Option** 型の **None** に相当します。JSON では整数と浮動小数点数の区別はありません。

```
{
    "retrieved_at": "2023-11-24T11:22:33Z",
    "forecasts": [
        {
            "city_name": "東京",
            "weather": "晴れ",
            "map_temp": 13,
            "min_temp": null
        },
        {
            "city_name": "大阪",
            "weather": "曇のち雨",
            "map_temp": 10,
            "min_temp": null
        }
    ]
}
```

JSONの例。東京と大阪の天気、最高気温、最低気温が示されている

8-2 予定を読み書きできるようにしよう　277

典型的な JSON はこのような見た目をしていて、人間とコンピュータのどちらにも読みやすいことが特徴です。そのうえ CSV よりも複雑な構造のデータを取り扱えるため、ウェブ上のデータのやりとりに広く使われています。バックエンドエンジニアとして仕事をする中で目にしない日はない、と言って差し支えないでしょう。

予定の一覧を表示する

それでは前置きが長くなりましたが、勉強会カレンダーツールの制作に取りかかることにしましょう。テストを書くにはまずテスト対象のプログラムが必要です[3]。ひとまずテストのことは忘れて実装してみましょう。

まずはいつも通り、プロジェクトを作成します。

```
$ cargo new --bin calendar
$ cd calendar
```

Rust で JSON を読み書きするには、第6章で使った **serde** に加えて、**serde_json** というcrate を使います。このほか、今回は日時を扱うため **chrono** と、コマンドライン引数を解釈するため **clap** も必要です。すべてプロジェクトに追加しましょう。

```
$ cargo add serde --features derive
$ cargo add serde_json
$ cargo add chrono --features serde
$ cargo add clap --features derive
```

個々の勉強会の予定は、このような構造体で表せます。勉強会の名前と開始時刻、終了時刻が最低限必要です。このほか、繰り返し同じタイトルで行われる予定があることを考慮して、区別のための ID を追加しています。開始時刻と終了時刻の型 **NaiveDateTime** は、日時を扱う構造体です。

---

[3] まずテストを書いてからそのテストが通るように実装を進める、**テスト駆動開発**というスタイルの開発手法もあります。

```rust
use serde::{Serialize, Deserialize};
use chrono::NaiveDateTime;

#[derive(Debug, Clone, PartialEq, Eq, Serialize, Deserialize)]
struct Schedule {
    // 予定のID
    id: u64,
    // 勉強会の名前
    subject: String,
    // 開始時刻
    start: NaiveDateTime,
    // 終了時刻
    end: NaiveDateTime,
}
```

COLUMN **DateTime と NaiveDateTime**

chrono には日時を表す構造体として、**NaiveDateTime** のほかに **DateTime** が用意されています。両者の違いは、タイムゾーン情報を含むかどうかです。

NaiveDateTime にはタイムゾーン情報が含まれないため、時差を考慮する必要のない場面では簡潔に日時を扱うことができます。しかし、外部の API と連携したり開発したサービスを海外展開したりする場合、時差を考慮する必要が出てきます。例えば、ニューヨークで行われるカンファレンスに日本からオンライン参加することを考えましょう。カンファレンスのセッションが日本時間の「2024年1月10日午後8時ちょうど」に始まるとします。この「2024年1月10日午後8時ちょうど」を日本時間ではなくニューヨーク時間と勘違いしてしまうと、ニューヨークと日本は14時間時差があるため、「2024年1月10日午後8時ちょうど」から14時間後の「2024年1月11日午前10時ちょうど」にセッションに参加しようとしても、セッションはすでに終了してしまっている、ということになってしまいます。

今回は本書の読者が1人で使用することを想定して、タイムゾーン情報なしの **NaiveDateTime** を採用しました。本格的なシステムを作るなら、タイムゾーン情報つきの **DateTime** の使用を検討しましょう。タイムゾーンの管理が面倒な場合は、東経・西経0度のロンドンと同じタイムゾーンの

8-2 予定を読み書きできるようにしよう **279**

UTC（協定世界時）にそろえてしまうことが多いです。

　余談ですが、プログラムで日時を正しく扱うのは見た目よりも格段に難しいです。上記の時差だけでなく、世界で使われている暦にはさまざまな種類や規則があるのです。

- 時差
- サマータイム（日本でも戦後の数年間だけサマータイムが導入されていました。そのため、当時の時刻を扱うならサマータイムの考慮が必要になります）
- 閏年
- 閏秒
- 元号
- 太陽暦と太陰暦、太陰太陽暦
  など

勉強会の予定の一覧を管理する **Calendar** 構造体も作ります。

```
#[derive(Debug, Clone, PartialEq, Eq, Serialize, Deserialize)]
struct Calendar {
    schedules: Vec<Schedule>,
}
```

　それでは予定の一覧を表示してみましょう。すぐに予定の追加や削除機能も実装するので、最初から clap を使ってコマンド引数を解析することにします。

```
use std::{fs::File, io::{BufReader, BufWriter}};
use chrono::NaiveDateTime;
use clap::{Parser, Subcommand};
use serde::{Deserialize, Serialize};

// 中略

const SCHEDULE_FILE : &str = "schedule.json";
```

```rust
#[derive(Parser)]
struct Cli {
    #[command(subcommand)]
    command: Commands,
}


#[derive(Subcommand)]
enum Commands {
    /// 予定の一覧表示
    List,
}


fn main() {
    let options = Cli::parse();
    match options.command {
        Commands::List => show_list(),
    }
}


fn show_list() {
    // 予定の読み込み
    let calendar : Calendar = {
        let file = File::open(SCHEDULE_FILE).unwrap();
        let reader = BufReader::new(file);
        serde_json::from_reader(reader).unwrap()
    };
    // 予定の表示
    println!("ID\tSTART\tEND\tSUBJECT");
    for schedule in calendar.schedules {
        println!(
            "{}\t{}\t{}\t{}",
            schedule.id, schedule.start, schedule.end, schedule.subject
```

8-2　予定を読み書きできるようにしよう　　281

```
        );
    }
}
```

　main 関数はコマンド引数に渡された内容に応じて処理を振り分けているのみで、実際の表示処理は show_list 関数が行っています。show_list 関数はまず JSON 形式のファイルを読み込み、それが終わったら予定をタブ区切りで表示しています。

　試しに次の内容で schedule.json というファイルを作成し、プログラムを実行してみましょう。

```
{
    "schedules": [
        {
            "id": 0,
            "subject": "テスト予定",
            "start": "2023-11-19T11:22:33",
            "end": "2023-11-19T22:33:44"
        }
    ]
}
```

このように表示されれば成功です。

```
$ cargo run -- list
ID      START   END     SUBJECT
0       2023-11-19 11:22:33     2023-11-19 22:33:44     テスト予定
```

予定を追加しよう

予定の一覧を表示できるようになったので、予定を追加できるようにしましょう。重複した予定を追加できないようにするという要件はひとまず無視することにします。

まずは **Commands** 列挙体に選択肢を追加します。

```
#[derive(Subcommand)]
enum Commands {
    /// 予定の一覧表示
    List,
    /// 予定の追加
    Add {
        /// タイトル
        subject: String,
        /// 開始時刻
        start: NaiveDateTime,
        /// 終了時刻
        end: NaiveDateTime,
    },
}
```

main 関数の **match** 式にも処理を追加しておきます。

```
    match options.command {
        Commands::List => show_list(),
        Commands::Add { subject, start, end }
            => add_schedule(subject, start, end),
    }
```

そして **add_schedule** 関数を実装しましょう。

8-2 予定を読み書きできるようにしよう　　283

```rust
fn add_schedule(
    subject: String,
    start: NaiveDateTime,
    end: NaiveDateTime,
) {
    // 予定の読み込み
    let mut calendar: Calendar = {
        let file = File::open(SCHEDULE_FILE).unwrap();
        let reader = BufReader::new(file);
        serde_json::from_reader(reader).unwrap()
    };

    // 予定の作成
    let id = calendar.schedules.len() as u64;
    let new_schedule = Schedule {
        id,
        subject,
        start,
        end,
    };
    // 予定の追加
    calendar.schedules.push(new_schedule);

    // 予定の保存
    {
        let file = File::create(SCHEDULE_FILE).unwrap();
        let writer = BufWriter::new(file);
        serde_json::to_writer(writer, &calendar).unwrap();
    }
    println!("予定を追加しました。");
}
```

add_schedule 関数で行っている予定の ID の発番方法はややトリッキーで、すでに予定表に追加されている予定の数を使っています。こうすることで、次のように既存の予定と重複しない ID を払い出すことができます[4]。

- まだ予定が 1 件もない → ID = 0 の予定を追加する
- 予定が 1 件だけある（ID = 0 の予定だけあるはず）→ ID = 1 の予定を追加する
- 予定が 2 件ある（ID = 0 と 1 の予定だけあるはず）→ ID = 2 の予定を追加する
  ⋮

試しにプログラムを実行してみましょう。次のように表示されれば成功です。

```
$ cargo run -- add テスト予定2 2023-12-08T09:00:00 2023-12-08T10:30:00
予定を追加しました。
$ cargo run -- list
ID      START    END        SUBJECT
0       2023-11-19 11:22:33     2023-11-19 22:33:44     テスト予定
1       2023-12-08 09:00:00     2023-12-08 10:30:00     テスト予定2
```

プログラムの実行後、**schedule.json** の中身は次のようになるはずです。

```
{"schedules":[{"id":0,"subject":"テスト予定","start":"2023-11-
19T11:22:33","end":"2023-11-19T22:33:44"},{"id":1,"subject":"テスト予定
2","start":"2023-12-08T09:00:00","end":"2023-12-08T10:30:00"}]}
```

とても見づらいですね。VS Codeを使ってファイルの中身を見ている場合、右クリックメニューから **Format Document** を選択すると、見やすく整形することができます。

---

[4] 本当にうまく ID が払い出せるのか、ここで違和感を覚えられた方は大変勘が鋭いです。本章の最後で、実はうまく動かないことがわかります。本章ではテストの説明のため、このように一見うまく動くように見えて実はきちんと動かない実装を説明中にところどころ忍ばせてあります。

8-2　予定を読み書きできるようにしよう　　285

```
{
    "schedules": [
        {
            "id": 0,
            "subject": "テスト予定",
            "start": "2023-11-19T11:22:33",
            "end": "2023-11-19T22:33:44"
        },
        {
            "id": 1,
            "subject": "テスト予定2",
            "start": "2023-12-08T09:00:00",
            "end": "2023-12-08T10:30:00"
        }
    ]
}
```

　これで見やすくなりました。 schedule.json の内容も問題ありません。これで、勉強会の予定の表示と追加ができるようになりました。

SECTION 8-3 予定の重複をチェックしよう

それでは、予定の追加機能の実装で無視した、重複した予定は追加できないようにする、という機能を実装しましょう。

予定の重複判定

予定の重複をチェックするにはどうすればいいでしょうか？ 例えば19時から20時の予定を新しく追加したいとして、既存の予定それぞれと重複があるかどうか、あり得るパターンとして思いつくものを図に書き出してみました。

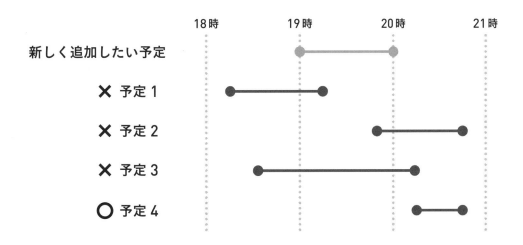

新しく追加したい予定に対して、予定1, 2, 3のような開始終了時刻の関係だと予定が重複していて、予定4の関係だと予定が重複していません。予定1, 2, 3に共通していて予定4と異なる条件を探すと何があるでしょうか？ 既存の予定の開始時刻と終了時刻をそれぞれ s_0, s_1、新しく追加したい予定を t_0, t_1 とすると、このような条件式で判定できそうです。

$$s_0 < t_1$$

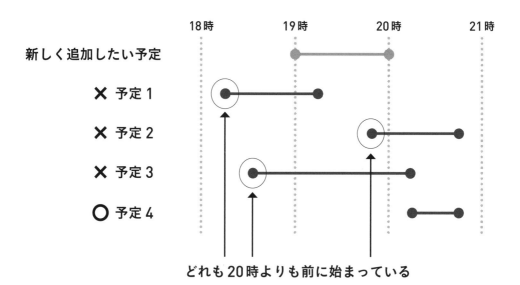

> **COLUMN** 日時の比較と計算
>
> 　DateTime や NaiveDateTime といった日時データ型を扱うときによく行う操作として、「2つの日時のどちらが先か」比較したり、「ある日時の1日後はいつか」「ある日時からある日時まで何時間経過したか」計算したりすることが挙げられます。これらの操作はあらかじめ chrono の機能として提供されていますが、その取り扱いには数値データとは異なった日時データ固有の注意点がいくつかあります。
>
> 　まずは日時の比較についてです。
>
> 　こちらはまだ扱いが簡単で、タイムゾーン情報つきの DateTime どうし、タイムゾーン情報なしの NaiveDateTime どうしの比較はそれぞれ可能ですが、DateTime と NaiveDateTime の比較はできません。なお、タイムゾーンの異なる DateTime どうしの比較の場合は、タイムゾーンをそろえたうえで比較してくれます。DateTime と NaiveDateTime の比較ができないのは、NaiveDateTime をどのタイムゾーンにそろえればよいかわからないからです。
>
> 　そのため、日時データを扱うときはタイムゾーン情報を含んでいるかどうか注意して扱いましょう。
>
> 　そして問題なのが日時の計算です。

2つの日時データを引き算して経過時間を求めることはできますが、日時データを足し算することはできません。

　これは、「時間の流れの中のある瞬間」を表す時刻と「ある時刻から、ある時刻までの長さ」を表す時間とが異なる概念だからです。例えば、2024年4月18日13時4分10秒という時刻は、年月日時分を使わず秒だけで表すことはできません。しかし、1年1月1日0時0分0秒から2024年4月18日13時4分10秒までに経過した時間は、63,849,215,050秒 と秒だけで表すことができます。

　そのため、**chrono** には時刻を表す **DateTime** や **NaiveDateTime** のほかに、経過時間を表す **TimeDelta** 型が用意されています。2つの日時データを引き算した結果は必ず **TimeDelta** 型になりますが、日時の比較と同様に **NaiveDateTime** から **DateTime** を引く（あるいはその逆）はできません。**TimeDelta** 型は絶対的な経過時間を表すため、**TimeDelta** 型自体にはタイムゾーンの概念はありません。

　なお、この **TimeDelta** 型の値は比較的自由に計算することができ、**TimeDelta** 型の値どうしの加減算もできますし、日時データに足し引きすることも可能です。順番を逆にして「**TimeDelta** 型の値に日時データを足し引きする」ことはできないので、加減算の順序にも気をつけましょう。

予定の重複の判定方法がわかったので、早速プログラムに重複判定機能をつけてみましょう。

　変更するのは、**add_schedule** 関数です。予定を追加している箇所の前に、重複判定を追加します。追加後の **add_schedule** 関数はこのようになります。

```
fn add_schedule(
    subject: String,
    start: NaiveDateTime,
    end: NaiveDateTime,
) {
    // 予定の作成処理まで省略
    // 予定の重複判定
    for schedule in &calendar.schedules {
        if schedule.start < new_schedule.end {
            println!("エラー：予定が重複しています");
            return;
```

```
        }
    }
    // 予定の追加処理以降は省略
}
```

「予定の重複判定」とコメントで書いている部分が追加した部分です。for ループを使って、各予定について先ほどの条件式に当てはまるかチェックしています。プログラム中では先ほどの条件式の s_0 に該当するのは schedule.start、t_1 は new_schedule.end です。

　試しにプログラムを実行してみましょう。前節の最後の schedule.json を用意して試します。振り返ってみると、前節の最後では次の予定が追加されている状態になっていました。

- **2023年11月19日11時22分33秒から22時33分44秒まで**
- **2023年12月8日9時ちょうどから10時30分まで**

```
# 2023年12月8日10時ちょうどから11時ちょうどまで
# 2つめの予定と重複しているので追加できないはず
$ cargo run -- add 追加できない予定 2023-12-08T10:00:00 2023-12-08T11:00:00
エラー：予定が重複しています  # 期待通り予定を追加できない
# 1週間後の2023年12月15日10時ちょうどから11時ちょうどまで
# どの予定とも重複していないので追加できるはず
$ cargo run -- add 追加できる予定 2023-12-15T10:00:00 2023-12-15T11:00:00
エラー：予定が重複しています  # おかしい。予定を追加できない
# 保存されている予定を一応確認
$ cargo run -- list
ID     START     END       SUBJECT
0      2023-11-19 11:22:33     2023-11-19 22:33:44      テスト予定
1      2023-12-08 09:00:00     2023-12-08 10:30:00      テスト予定2
```

　どうも様子がおかしいです。12月15日に予定は入っていないはずなのに、予定が重複していると言って追加できませんでした。何がよくなかったのでしょうか？

テストを作ろう

今回はたまたま schedule.json の内容が書き換わらないうちにプログラムの実装誤りに気がつきました。もし予定の重複判定ロジックを修正したとして、正しく修正されたことを確認するにはどうすればいいでしょうか？　今のままでは毎回同じ内容の schedule.json を用意しなければならず検証が大変です（さもなくば、正しく動くか検証したいだけなのにダミーの予定が schedule.json に追加されてしまいます！）。

プログラムを正しく実装したり、修正したりできたことを確認するためにプログラムを最初から通しで実行してみることは、たしかに有用な動作検証手段の一つです。しかしこのように、いつも簡単に通しで実行して検証できるとは限りません。

そこで有用なのが、プログラムの一部分を切り出してそこだけ実行してみること、つまりテストを書いて実行してみることです。本章の冒頭で触れたとおり、Rust にはテストを自動で行うための機能が言語機能として備わっています。せっかくなので、Rust の言語機能を使ってテストを書いてみることにしましょう。

一般に、Rust のテストはこのように書きます。

```
#[cfg(test)]
mod tests {
    use super::*;

    #[test]
    fn test_case_1() {
        // テストする処理1
    }

    #[test]
    fn test_case_2() {
        // テストする処理2
```

8-3　予定の重複をチェックしよう　　　291

```
    }

    // 以下いくらでもテストを書ける
}
```

　Rust のテストはすべて関数の形で記述します。関数の前の **#[test]** がテスト対象の関数の印
です。1行目の **#[cfg(test)]** は、それ以下のコードはテスト時のみコンパイルされ、それ以外の
ときは無視する、という印です。2行目は複数の関数にまとめて **#[cfg(test)]** を適用するために
置いたモジュールです。モジュール名は **test** や **tests** にするのが一般的ですが、ほかの名前を
つけても構いません。3行目の **use super::*;** は、**tests** モジュールからその外側にある関数な
どを簡単に呼べるようにするために書いています。

　それでは、実際にテストを書いてみましょう。

　テストを書くには、テスト対象の処理を関数やメソッドに切り出しておくと便利です。今回はあ
る予定とある予定とが重複しているかどうか調べる処理をテストしたいので、Schedule 構造体のメ
ソッドとして切り出します。**Schedule** 構造体の定義の直後に、**intersects** メソッドを追加します。

```
impl Schedule {
    fn intersects(&self, other: &Schedule) -> bool {
        self.start < other.end
    }
}
```

intersects メソッドを作ったので、**add_schedule** 関数もこれを使う形に変えます。

```
// 予定の重複判定
for schedule in &calendar.schedules {
    if schedule.intersects(&new_schedule) { // 変更
        println!("エラー：予定が重複しています");
        return;
    }
```

292　　　第8章　単体テストを書けるようになろう［勉強会カレンダーツール］

```
}
```

そして、ファイルの末尾にテストを追加します。テストに使うデータは、冒頭の図で示した予定4つと、実際に動かしてみて様子がおかしかった12月15日の予定を使うとよいです。

```
#[cfg(test)]
mod tests {
    use super::*;

    fn naive_date_time(
        year: i32,
        month: u32,
        day: u32,
        hour: u32,
        minute: u32,
        second: u32,
    ) -> NaiveDateTime {
        chrono::NaiveDate::from_ymd_opt(year, month, day)
            .unwrap()
            .and_hms_opt(hour, minute, second)
            .unwrap()
    }

    #[test]
    fn test_schedule_intersects_1() {
        // 2024年1月1日の18時15分から19時15分までの既存予定1
        let schedule = Schedule {
            id: 1,
            subject: "既存予定1".to_string(),
            start: naive_date_time(2024, 1, 1, 18, 15, 0),
            end: naive_date_time(2024, 1, 1, 19, 15, 0),
        };
```

8-3　予定の重複をチェックしよう　　**293**

```
    // 2024年1月1日の19時00分から20時00分までの新規予定
    let new_schedule = Schedule {
        id: 999,
        subject: "新規予定".to_string(),
        start: naive_date_time(2024, 1, 1, 19, 0, 0),
        end: naive_date_time(2024, 1, 1, 20, 0, 0),
    };
    // 既存予定1と新規予定は重複している
    assert!(schedule.intersects(&new_schedule));
}


// 同様に、使うデータを変えてtest_schedule_intersects_6まで実装する
// test_schedule_intersects_2
//     既存予定は 2024年1月1日の19時45分から20時45分まで
//     新規予定は 2024年1月1日の19時ちょうどから20時ちょうどまで
//     2つの予定は重複している
// test_schedule_intersects_3
//     既存予定は 2024年1月1日の18時30分から20時15分まで
//     新規予定は 2024年1月1日の19時ちょうどから20時ちょうどまで
//     2つの予定は重複している
// test_schedule_intersects_4
//     既存予定は 2024年1月1日の20時15分から20時45分まで
//     新規予定は 2024年1月1日の19時ちょうどから20時ちょうどまで
//     2つの予定は重複しない
// test_schedule_intersects_5
//     既存予定は 2023年12月8日の9時ちょうどから10時30分まで
//     新規予定は 2023年12月15日の10時ちょうどから11時ちょうどまで
//     2つの予定は重複しない


// なお、2つの予定が重複していないことを確認するには条件式を反転すればよい
//     assert!(!schedule.intersects(&new_schedule));
```

ちょっと長いですが、test_schedule_intersecs_ から始まる関数5つは数字を変えている
だけですので、test_schedule_intersecs_1 関数だけ説明します。関数の内容のほとんどはテ
ストに使うデータの作成で、実行して正しい結果が得られるか確認するのはassert!(schedule.
intersects(&schedule2)); の1行のみです。naive_date_time 関数は、NaiveDateTime 型
の値を簡単に作るためのヘルパー関数です。このように、テストモジュールの中には各テストで
共通して使うだけの関数を含めることができます。

　テストは一般的に、実際にプログラムを動かしてみて指定した条件式を満たすかチェックしま
す。このチェックには、assert! マクロを使います。このマクロは assert!(条件式) と書き、実
行時に条件式の結果が false になると panic するというものです。実行時に panic すると聞くと
恐ろしく聞こえるかもしれませんが、実際には #[cfg(test)] のついた部分のコードはテスト時
にしか実行されないため、心配する必要はありません。

　このコードには出てきていませんが、assert! マクロで評価する条件式のうち「処理を実行し
て得られた値が期待した値と等しいか」チェックする場面はとくに頻出します。そのため、引数
で渡された2つの値が等しくないなら panic する assert_eq! マクロもあります。

COLUMN　**実行時assert**

　assert! や assert_eq! といったマクロは、テスト以外のコードでも使えます。ウェブのバック
エンド実装で使う場面は少ないでしょうが、本書で作成しているようなコマンドラインツールで
は、データが意図しない内容になっていないことを確認し、もしそうなってしまっていたら処理
を中断する目的で使うことがあります。

　書いたテストを実行するのはとても簡単です。たった1行、**cargo test** とコマンドを打つだ
けです。やってみましょう。

```
$ cargo test
running 5 tests
test tests::test_schedule_intersects_1 ... ok
test tests::test_schedule_intersects_2 ... ok
```

8-3　予定の重複をチェックしよう　　295

```
test tests::test_schedule_intersects_3 ... ok
test tests::test_schedule_intersects_4 ... ok
test tests::test_schedule_intersects_5 ... FAILED
failures:
---- tests::test_schedule_intersects_5 stdout ----
thread 'tests::test_schedule_intersects_5' panicked at 'assertion failed:
!schedule.intersects(&new_schedule)', src/main.rs:249:9
note: run with `RUST_BACKTRACE=1` environment variable to display a
backtrace
failures:
    tests::test_schedule_intersects_5
test result: FAILED. 4 passed; 1 failed; 0 ignored; 0 measured; 0
filtered out; finished in 0.00s
error: test failed, to rerun pass `--bin calendar`
```

　出力の1行目で **running 5 tests** と出て、その後に定義した5つの関数の名前が表示されています[5]。関数の名前の後ろにはテストの成否が表示されていて、今この出力では test_schedule_intersects_5 だけが失敗していることがわかります。失敗している箇所の詳細はさらにその後の **thread 'tests::test_schedule_intersecs_5' panicked at** から始まる行の最後でわかります。 **src/main.rs:249:9** とあるので、**main.rs** の249行目の **assert!** に失敗しています。

　ところで、今失敗している **test_schedule_intersects_5** は、まさに先ほど追加しようとして失敗した12月15日の予定に関するテストです。これで **schedule.json** をいちいち元に戻したりすることなく予定の重複チェックロジックが正しく動いているかどうか確認できるようになりました。

※5　とくに指定しない限り、テストは並列に実行されます。そのため、テスト結果の表示順は変わることがあります。

重複チェックロジックを修正しよう

　簡単にロジックの修正確認ができるようにはなりましたが、まだ肝心のロジックは修正していないため予定は追加できないままです。どのように修正すればいいでしょうか？

　残念ながら、テストでは誤りがあることは検出できてもその修正方針までは教えてくれません。どのテストケースのどの行で失敗しているかという情報はヒントとして活用できますが、最終的には自力で考える必要があります。

　今回の場合、新しく追加したい予定と既存の予定の前後関係として冒頭で4パターン挙げましたが、実は考慮漏れしているパターンがあります。既存予定の開始時刻と終了時刻がそれぞれ新しく追加したい予定の開始前、期間中、終了後のどれになるか（ただし終了時刻は開始時刻の前には来ない）で、全部で6パターンあるはずです。思いつくままパターンを挙げると考慮漏れするので、落ち着いて自分なりの規則で挙げていくのが大事です。

　あり得るパターンをすべて挙げると、このような図になります。冒頭の図と見比べてみると、予定1と予定4のパターンが漏れていたことがわかります。

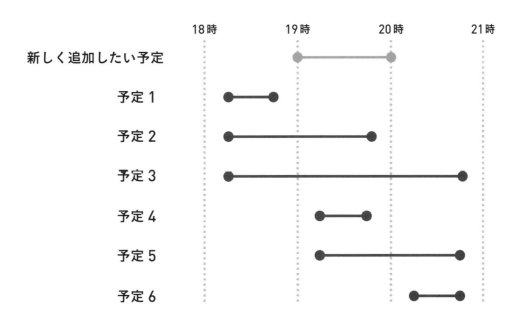

とくに今回予定を追加できなかったのは、予定1のパターンを誤って重複ありと判定していたからです。

正解を言ってしまうと、予定1〜6の全パターンの重複を正しく判定する条件は、「予定どうしがお互い、一方の開始時刻が他方の終了時刻よりも前になっている」ことです。これを式の形で表すと、このようになります。

$$s_0 < t_1 \text{ かつ } t_0 < s_1$$

当初の条件式と見比べてみると、当初の条件式では後者の条件が不足していることがわかります。

intersecs関数を正しい実装に修正しましょう。

```
impl Schedule {
    fn intersects(&self, other: &Schedule) -> bool {
        self.start < other.end && other.start < self.end
    }
}
```

test_schedule_intersects_5 関数の後ろに、漏れていた予定4のパターンを追加して、テストを実行してみます。

```
#[test]
fn test_schedule_intersects_6() {
    let schedule = Schedule {
        id: 6,
        subject: "既存予定6".to_string(),
        start: naive_date_time(2024, 1, 1, 19, 15, 0),
        end: naive_date_time(2024, 1, 1, 19, 45, 0),
    };
    let new_schedule = Schedule {
        id: 999,
```

```
        subject: "新規予定".to_string(),
        start: naive_date_time(2024, 1, 1, 19, 0, 0),
        end: naive_date_time(2024, 1, 1, 20, 0, 0),
    };
    assert!(schedule.intersects(&new_schedule));
}
```

```
$ cargo test
running 6 tests
test tests::test_schedule_intersects_1 ... ok
test tests::test_schedule_intersects_2 ... ok
test tests::test_schedule_intersects_5 ... ok
test tests::test_schedule_intersects_3 ... ok
test tests::test_schedule_intersects_4 ... ok
test tests::test_schedule_intersects_6 ... ok
test result: ok. 6 passed; 0 failed; 0 ignored; 0 measured; 0 filtered
out; finished in 0.00s
```

無事にテストが通りました。本当に予定が追加できるかチェックしてみましょう。

```
# 2023年12月8日10時ちょうどから11時ちょうどまで
# 2つめの予定と重複しているので依然として追加できないはず
$ cargo run -- add 追加できない予定 2023-12-08T10:00:00 2023-12-08T11:00:00
エラー：予定が重複しています
# 1週間後の2023年12月15日10時ちょうどから11時ちょうどまで
# どの予定とも重複していないので今度は追加できるはず
$ cargo run -- add 追加できる予定 2023-12-15T10:00:00 2023-12-15T11:00:00
予定を追加しました。
# 保存されている予定を一応確認
$ cargo run -- list
ID     START     END      SUBJECT
0      2023-11-19 11:22:33    2023-11-19 22:33:44     テスト予定
```

8-3 予定の重複をチェックしよう　　299

| 1 | 2023-12-08 09:00:00 | 2023-12-08 10:30:00 | テスト予定2 |
| 2 | 2023-12-15 10:00:00 | 2023-12-15 11:00:00 | 追加できる予定 |

IDが2番の予定を無事に追加できたことが確認できました。

テストを簡潔に書こう

さて、読者のみなさんは、**test_schedule_intersects_1** から **test_schedule_intersects_6** のテストを書いていて「同じような処理が並んでいてもやもやする」ときっと思ったことでしょう。第5章で学んだことを思い出すと、このようなときには共通している部分をまとめて関数に切り出すとよいです。

今まで学んだ機能を使って関数に切り出す場合、このようになるでしょう。ただし、新規予定と既存予定のIDとタイトル、開始・終了年月日、新規予定の開始・終了時刻は固定しています。

```
fn test_schedule_intersects(
    h0: u32,
    m0: u32,
    h1: u32,
    m1: u32,
    should_intersects: bool
) {
    let schedule = Schedule {
        id: 0,
        subject: "既存予定".to_string(),
        start: naive_date_time(2024, 1, 1, h0, m0, 0),
        end: naive_date_time(2024, 1, 1, h1, m1, 0),
    };
    let new_schedule = Schedule {
        id: 999,
        subject: "新規予定".to_string(),
```

300　　第8章　単体テストを書けるようになろう［勉強会カレンダーツール］

```
        start: naive_date_time(2024, 1, 1, 19, 0, 0),
        end: naive_date_time(2024, 1, 1, 20, 0, 0),
    };
    assert_eq!(should_intersect, schedule.intersects(&new_schedule));
}


#[test]
fn test_schedule_intersects_1() {
    test_schedule_intersects(18, 15, 19, 15, true)
}
#[test]
fn test_schedule_intersects_2() {
    test_schedule_intersects(19, 45, 20, 45, true)
}
// 後略
```

　これでも十分すっきりした記述になりますが、**rstest** という crate を使うとさらに簡潔に書けるようになります。早速プロジェクトに追加しましょう。

```
$ cargo add rstest --dev
```

　rstest はテストのときにだけ使う crate です。**cargo add** に **--dev** オプションをつけることで、開発時のみ有効な依存関係として登録されます。

　rstest を使うと、**test_schedule_intersecs_1** から **test_schedule_intersects_6** までを **test_schedule_intersects** にこのように統合して書くことができます[6]。

```
use rstest::rstest;


#[rstest]
```

---

[6] **test_schedule_intersects_5** は、ほかのテストケースとそろえる形で、開始・終了時刻を変更しました。

8-3　予定の重複をチェックしよう　　**301**

```rust
#[case(18, 15, 19, 15, true)]
#[case(19, 45, 20, 45, true)]
#[case(18, 30, 20, 15, true)]
#[case(20, 15, 20, 45, false)]
#[case(18, 15, 18, 45, false)]
#[case(19, 15, 19, 45, true)]
fn test_schedule_intersects(
    #[case] h0: u32,
    #[case] m0: u32,
    #[case] h1: u32,
    #[case] m1: u32,
    #[case] should_intersect: bool,
) {
    let schedule = Schedule {
        id: 0,
        subject: "既存予定".to_string(),
        start: naive_date_time(2024, 1, 1, h0, m0, 0),
        end: naive_date_time(2024, 1, 1, h1, m1, 0),
    };
    let new_schedule = Schedule {
        id: 999,
        subject: "新規予定".to_string(),
        start: naive_date_time(2024, 1, 1, 19, 0, 0),
        end: naive_date_time(2024, 1, 1, 20, 0, 0),
    };
    assert_eq!(should_intersect, schedule.intersects(&new_schedule));
}
```

　これまでは合わせて100行以上似たテストを書かなければなりませんでしたが、30行弱にまで短く書けるようになりました。テストケースとして具体的な値を **test_schedule_intersects** 関数に渡すだけの関数を複数書かなければならなかったところ、**#[case(..)]** と書くだけで済んでいます。

この書き方のポイントは、これまで関数の前に書いていた **#[test]** が **#[rstest]** に変わったということです。これにより、**rstest** がテスト用のコードを代わりに生成してください、という指令に変わります。各引数の前にある **#[case]** はこのように書くきまりになっています。**#[rstest]** につづく **#[case(..)]** で渡した値が順番にこの引数に渡され、テストが実行されます。

　このように同じ内容の処理を、値を変えて実行することを、パラメータ化テストといいます。テストをパラメータ化することで、複数のテストケースを同じ観点で実行しているということがわかりやすくなります。

　それではテストを実行してみましょう。テストの実行の仕方はこれまでと変わりません。

```
$ cargo test
running 6 tests
test tests::test_schedule_intersects::case_1 ... ok
test tests::test_schedule_intersects::case_2 ... ok
test tests::test_schedule_intersects::case_4 ... ok
test tests::test_schedule_intersects::case_3 ... ok
test tests::test_schedule_intersects::case_5 ... ok
test tests::test_schedule_intersects::case_6 ... ok
test result: ok. 6 passed; 0 failed; 0 ignored; 0 measured; 0 filtered
out; finished in 0.00s
```

8-3　予定の重複をチェックしよう　　303

COLUMN　テストの設計手法

　テストのパラメータ化にあたり、**test_schedule_intersects_5** の既存予定の時刻を変更しました。今回、予定の重複判定は予定の開始時刻と終了時刻の前後関係だけで決まるため、時刻の前後関係が保たれている限り具体的な時刻は自由に変更して構いません。

　このように、テストに使う値を自由に変更して構わないとき、自由に変更できる範囲の中から1つだけ代表的な値を取ってテストに使う方法を、**同値クラステスト**や**同値分割法**などといいます。今回は既存予定の開始時刻と終了時刻を固定してしまい、新規予定の開始時刻と終了時刻をそれぞれ既存予定の開始前、期間中、終了後から1つずつ選べばよいです。

　具体的な指針に基づいてテストデータを設計している場合、そのことがわかりやすくなるよう、コメントを残したり値を整理したりしてあげると丁寧です。例えば今回の場合、同値クラステストは多くの人が無意識に使っているテストの設計手法のためコメントに残す必要性は薄いですが、開始時刻と終了時刻をそれぞれ毎時15分と45分にそろえる、予定1〜6を規則正しく並べる、といったことはしたほうがよいです。テストデータを整理すると、以下のようになります。必ずこの並べ方でなければならないわけではありませんが、上のコードと見比べると規則性がわかりやすく、網羅的にテストできていることがわかるでしょう。

```
#[case(18, 15, 18, 45, false)]
#[case(18, 15, 19, 45, true)]
#[case(18, 15, 20, 45, true)]
#[case(19, 15, 19, 45, true)]
#[case(19, 15, 20, 45, true)]
#[case(20, 15, 20, 45, false)]
```

　また、同値クラステストはもっとも基本的なテストの設計方法の一つです。ほかの基本的なテストデータの設計方法としては、同じ値と見なせる範囲の境界に注目した**境界値テスト**があります。今回のケースで同値クラステストに加えて境界値テストも行う場合、新規予定の開始時刻と終了時刻としてそれぞれ既存予定の開始前、開始時刻ちょうど、期間中、終了時刻ちょうど、終了後の5通りを選ぶ組み合わせで試すとよいです。

COLUMN　テストしやすいプログラムの書き方

　本章ではなぜ予定の重複判定を Schedule::intersects メソッドに切り出してテストしたのか、直接 add_schedule 関数をテストすればよいのではないか、と思った読者もいることでしょう。その理由を端的に言うと、出力内容が期待通りになっているか、またファイルに読み書きした内容が正しいか検証する簡単な方法を Rust としては提供していないからです。正確に言うと、ファイルの入出力を含む関数をそのままテストすることは可能ですが、期待したテストにならないことがあります。

　本文中でテストは並行して実行されると書きました。同じファイルへの読み書きを伴う関数を並行して実行するとどうなるでしょうか？　次の図を参照してください。同じファイルを読み書きするテスト test 1 と test 2 があります。test 1 はファイルからデータ A を読み取るとそれを加工したデータ B が同じファイルに書き戻されているか試すテスト、test 2 はデータ A を読み取ってデータ C を書き戻すテストです。

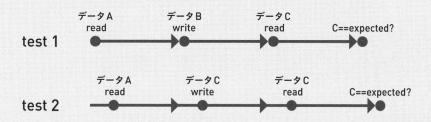

　test 1 と test 2 がほぼ同時に実行され、たまたま test 1 でデータ B を書いた直後に test 2 でデータ C を書いたとします。ファイルに書き込まれた内容が正しいかどうかチェックするために test 1 で再度ファイルを読み込むと、test 1 ではデータ B を正しく書き込んだにもかかわらず、test 2 によって書き込まれたデータ C で上書きされてしまっているため、読み込まれるのはデータ B ではなくデータ C になります。test 1 にとってみるとデータ C は書き込まれたデータの期待値とは異なるため、テストに失敗してしまいます。

　このように、ファイルの読み書きに関係するテストは全テストケースでファイル名を変えるなど、テストの実行に工夫が必要になります。

　一般に、ファイルの読み書き以外にもネットワーク通信を行う場合など、関数の引数に現れないデータの情報のやりとりが発生するとテストがしづらくなります。そのため、外部との入出力を行う部分とデータの操作を行う部分とを分離した書き方にすると、テストを行いやすくなります。例えば今回のコードでは、show_list 関数のテストは困難ですが、add_schedule 関数をテストしやすくするためにこのような書き方に変えることが考えられます。

```rust
fn main() {
    let options = Cli::parse();
    match options.command {
        Commands::List => {
            let calendar = read_calendar();
            show_list(&calendar);
        },
        Commands::Add {
            subject,
            start,
            end,
        } => {
            let mut calendar = read_calendar();
            if add_schedule(&mut calendar, subject, start, end) {
                save_calendar(&calendar);
                println!("予定を追加しました。");
            } else {
                println!("エラー：予定が重複しています");
            }
        },
    }
}

fn read_calendar() -> Calendar {
    let file = File::open(SCHEDULE_FILE).unwrap();
    let reader = BufReader::new(file);
    serde_json::from_reader(reader).unwrap()
}

fn save_calendar(calendar: &Calendar) {
    let file = File::create(SCHEDULE_FILE).unwrap();
    let writer = BufWriter::new(file);
    serde_json::to_writer(writer, calendar).unwrap();
}

fn show_list(calendar: &Calendar) {
    // 予定の表示
```

第8章　単体テストを書けるようになろう［勉強会カレンダーツール］

```rust
        println!("ID\tSTART\tEND\tSUBJECT");
        for schedule in &calendar.schedules {
            println!(
                "{}\t{}\t{}\t{}",
                schedule.id, schedule.start, schedule.end, schedule.
subject
            );
        }
    }

    fn add_schedule(
        calendar: &mut Calendar,
        subject: String,
        start: NaiveDateTime,
        end: NaiveDateTime,
    ) -> bool {
        // 予定の作成
        let id = calendar.schedules.len() as u64;
        let new_schedule = Schedule {
            id,
            subject,
            start,
            end,
        };
        // 予定の重複判定
        for schedule in &calendar.schedules {
            if schedule.intersects(&new_schedule) {
                return false;
            }
        }
        // 予定の追加
        calendar.schedules.push(new_schedule);
        return true;
    }
```

　これで schedule.json に保存されている内容にテストが依存しなくなったので、テストもこのように書けるようになります。なお、rstest を使うテストと使わないテストは共存可能です。

8-3　予定の重複をチェックしよう

```rust
#[test]
fn test_add_schedule() {
    let mut calendar = Calendar {
        schedules: vec![Schedule {
            id: 0,
            subject: "テスト予定".to_string(),
            start: naive_date_time(2023, 11, 19, 11, 22, 33),
            end: naive_date_time(2023, 11, 19, 22, 33, 44),
        }],
    };
    add_schedule(
        &mut calendar,
        "テスト予定2".to_string(),
        naive_date_time(2023, 12, 8, 9, 0, 0),
        naive_date_time(2023, 12, 8, 10, 30, 0),
    );
    let expected = Calendar {
        schedules: vec![
            Schedule {
                id: 0,
                subject: "テスト予定".to_string(),
                start: naive_date_time(2023, 11, 19, 11, 22, 33),
                end: naive_date_time(2023, 11, 19, 22, 33, 44),
            },
            Schedule {
                id: 1,
                subject: "テスト予定2".to_string(),
                start: naive_date_time(2023, 12, 8, 9, 0, 0),
                end: naive_date_time(2023, 12, 8, 10, 30, 0),
            },
        ],
    };
    assert_eq!(expected, calendar);
}
```

　ちなみに、このようにデータの入出力部分の分離をさらに推し進めて自由に差し替えられるようにするやり方を**リポジトリパターン**（repository pattern）といい、業務開発でしばしば見かけます。Rustでリポジトリパターンを実現するためには、トレイトオブジェクトという本書で扱わない文法事項が必要になるため、詳細は割愛します。

SECTION 8-4 予定を削除できるようにしよう

予定の削除機能を実装しよう

本章最後の機能実装として、予定の削除機能を実装しましょう。加える変更は、予定の追加機能のときと似ています。

まずは Commands 列挙体の末尾に列挙子を追加します。削除する予定のIDがほしいので、コマンド引数として受け取れるようにしておきます。

```
#[derive(Subcommand)]
enum Commands {
    // 略
    /// 予定の削除
    Delete {
        /// 予定のID
        id: u64
    },
}
```

次に、main 関数の match 式の末尾に処理を追加します。

```
match options.command {
    // 略
    Commands::Delete { id } => {
        let mut calendar = read_calendar();
        if delete_schedule(&mut calendar, id) {
            save_calendar(&calendar);
```

```
        println!("予定を削除しました。");
    } else {
        println!("エラー：IDが不正です");
    }
    }
}
```

　最後に、**delete_schedule** 関数を実装します。予定を追加していくと、IDが0の予定は **calendar.schedules** の0番目に、IDが1の予定は **calendar.schedules** の1番目に、IDが2の予定は **calendar.schedules** の2番目に、……と追加されていくので、IDがnの予定を削除するには、**calendar.schedules** のn番目の要素を削除すればよいです。3行目は範囲外チェックです。

```
fn delete_schedule(calendar: &mut Calendar, id: u64) -> bool {
    // 予定の削除
    if id as usize >= calendar.schedules.len() {
        false
    } else {
        calendar.schedules.remove(id as usize);
        true
    }
}
```

　実装ができたので早速動かしてみましょう。テスト用の予定を全件削除してみます。

```
# テスト予定 を削除
$ cargo run -- delete 0
予定を削除しました。
# テスト予定2 を削除
$ cargo run -- delete 1
予定を削除しました。
# 追加できる予定 を削除
```

```
$ cargo run -- delete 2
エラー：IDが不正です
```

おかしいですね。IDが2の予定は存在するはずなのに、予定を削除できませんでした。何がいけなかったのでしょう？　まずは今の予定の一覧がどうなっているか確認します。

```
$ cargo run -- list
ID      START   END         SUBJECT
1       2023-12-08 09:00:00     2023-12-08 10:30:00     テスト予定2
```

削除したはずのIDが1の予定が残っていて、エラーで削除できなかったはずのIDが2の予定が消えています。

こんなときは、前節で学んだとおりテストを追加してみます。どこで値がおかしくなっているのかわかるはずです。testsモジュールの最後に次の関数を追加します。

```
#[test]
fn test_delete_schedule() {
    let mut calendar = Calendar {
        schedules: vec![
            Schedule {
                id: 0,
                subject: "テスト予定".to_string(),
                start: naive_date_time(2023, 11, 19, 11, 22, 33),
                end: naive_date_time(2023, 11, 19, 22, 33, 44),
            },
            Schedule {
                id: 1,
                subject: "テスト予定2".to_string(),
                start: naive_date_time(2023, 12, 8, 9, 0, 0),
                end: naive_date_time(2023, 12, 8, 10, 30, 0),
            },
```

8-4　予定を削除できるようにしよう

```rust
        Schedule {
            id: 2,
            subject: "追加できる予定".to_string(),
            start: naive_date_time(2023, 12, 15, 10, 0, 0),
            end: naive_date_time(2023, 12, 15, 11, 00, 0),
        },
    ],
};
// 試しにID = 0の予定を削除してみる
assert!(delete_schedule(&mut calendar, 0));
// 削除後はこうなるはず
let expected = Calendar {
    schedules: vec![
        Schedule {
            id: 1,
            subject: "テスト予定2".to_string(),
            start: naive_date_time(2023, 12, 8, 9, 0, 0),
            end: naive_date_time(2023, 12, 8, 10, 30, 0),
        },
        Schedule {
            id: 2,
            subject: "追加できる予定".to_string(),
            start: naive_date_time(2023, 12, 15, 10, 0, 0),
            end: naive_date_time(2023, 12, 15, 11, 00, 0),
        },
    ],
};
assert_eq!(expected, calendar);
// 次にID = 1の予定を削除してみる
assert!(delete_schedule(&mut calendar, 1));
// 削除後はこうなるはず
let expected = Calendar {
```

```
        schedules: vec![
            Schedule {
                id: 2,
                subject: "追加できる予定".to_string(),
                start: naive_date_time(2023, 12, 15, 10, 0, 0),
                end: naive_date_time(2023, 12, 15, 11, 00, 0),
            },
        ],
    };
    assert_eq!(expected, calendar);
    // 最後にID = 2の予定を削除してみる
    assert!(delete_schedule(&mut calendar, 2));
    // 削除後はこうなるはず
    let expected = Calendar {
        schedules: vec![],
    };
    assert_eq!(expected, calendar);
}
```

テストを実行してみましょう。

```
$ cargo test
running 8 tests
test tests::test_schedule_intersects::case_1 ... ok
test tests::test_add_schedule ... ok
test tests::test_schedule_intersects::case_2 ... ok
test tests::test_schedule_intersects::case_3 ... ok
test tests::test_schedule_intersects::case_4 ... ok
test tests::test_schedule_intersects::case_5 ... ok
test tests::test_schedule_intersects::case_6 ... ok
test tests::test_delete_schedule ... FAILED
failures:
```

```
---- tests::test_delete_schedule stdout ----
thread 'tests::test_delete_schedule' panicked at 'assertion failed:
`(left == right)`
  left: `Calendar { schedules: [Schedule { id: 2, subject: "追加できる予定",
start: 2023-12-15T10:00:00, end: 2023-12-15T11:00:00 }] }`,
 right: `Calendar { schedules: [Schedule { id: 1, subject: "テスト予定2",
start: 2023-12-08T09:00:00, end: 2023-12-08T10:30:00 }] }`', src/main.
rs:300:9
note: run with `RUST_BACKTRACE=1` environment variable to display a
backtrace
failures:
    tests::test_delete_schedule
test result: FAILED. 7 passed; 1 failed; 0 ignored; 0 measured; 0
filtered out; finished in 0.00s
error: test failed, to rerun pass `--bin calendar`
```

　300行目の **assert** に失敗しているので、ID=1の予定の削除処理がうまくいっていないようです。確かに、**assert** のログを見ても、**right** のほうの値が前に見た **cargo run -- list** の出力で出てきた値と同じになっています。一体実装のどこが正しくなかったのでしょう？

デバッグの仕方

　テストをしたり、実際に最初から最後までプログラムを動かしてみたりするだけでは、作ったプログラムのどこが間違っているのかわからないことがよくあります。そんなときは、デバッガを使って**デバッグ**しましょう。

　デバッグは英語で debug とつづり、接頭辞の de とプログラムの bug（バグ）とが組み合わさった語で、バグを取り除くという意味です。デバッガは debugger で、デバッグするものという意味です。デバッガを使うと、次のようなことができます。

- プログラムを1行ずつ止めながら実行する
- プログラムの実行中に変数の中身を確認する
- 指定した箇所で動作を一時停止する

　落ち着いてプログラムの動作を確認できるため、動きのおかしい場所を特定するのに役立ちます。

　第2章の手順に沿って開発環境を構築している場合、Rust のデバッガのインストールはとても簡単です。VS Code の CoreLLDB 拡張機能をインストールするだけで完了です。

　実際にデバッガを使うには、Rust のプロジェクト内でさらに設定が必要です。VS Code の画面左端にある、虫のアイコンのついた **Run and Debug** ボタンをクリックします。

すると、ボタンの横のペインに **create a launch.json file** と書かれたリンクが表示されるため、それをクリックします。

画面上部にデバッガを選ぶメニューが現れるので、**LLDB** を選択しましょう。

このような表示が出たら、Yesを選択します。

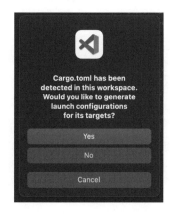

これでプロジェクトの直下に .vscode フォルダとさらにその中に launch.json が作られたため、デバッガでのデバッグができるようになりました。

執筆時点で launch.json の configurations にはデフォルトで2つのデバッグ設定が追加されるようになっています。一方が cargo run でプログラムを走らせるときの設定で、他方は cargo test のときの設定です。

1つのテストケースをデバッグ実行するには、テスト対象の関数の上に表示されている Debug の文字をクリックすればよいです。そのままだと何事もなかったかのようにテストが最初から最後まで一気に実行されて終わるので、「ここに来たらプログラムの実行を一時停止してください」という印を表すブレークポイントを設定しておきましょう。ブレークポイントは行番号の左側をクリックすることで設定と解除ができます。ひとまずテストの先頭の行にブレークポイントを設定しておきます。

```
241        } fn test_add_schedule
242
243        #[test]
           ▶ Run Test | Debug
244        fn test_delete_schedule() {
●   245        let mut calendar: Calendar = Calendar {
246            schedules: vec![
247                Schedule {
248                    id: 0,
249                    subject: "テスト予定".to_string(),
250                    start: naive_date_time(2023, 11, 19, 11, 22, 33),
251                    end: naive_date_time(2023, 11, 19, 22, 33, 44),
252                },
```

8-4 予定を削除できるようにしよう　　317

> **COLUMN　テスト以外のコードをデバッグ実行するには**
>
> 　テストコードではなく、cargo run した状態のコードをデバッグするには、Run and Debug ペインを開き、画面上のセレクトボックスから Debug executable 'calendar' を選択、左隣の緑三角の実行ボタンを押します。
>
>
>
> 　ところで、本章で作成しているプログラムはコマンド引数を渡さないと動作しませんでした。コマンド引数つきでデバッグ対象のプログラムを起動してもらうようにするには、このように args に渡す引数を並べていきます。
>
> ```
> // 前略
>     "configurations": [
>         {
>             "type": "lldb",
>             "request": "launch",
>             "name": "Debug executable 'calendar'",
>             "cargo": {
>                 "args": [
>                     "build",
>                     "--bin=calendar",
>                     "--package=calendar"
>                 ],
>                 "filter": {
> ```

```
                    "name": "calendar",
                    "kind": "bin"
                }
            },
            // ここにコマンド引数を並べる
            "args": [
                "delete",
                "0"
            ],
            "cwd": "${workspaceFolder}"
        },
    // 後略
```

　なお、本来 JSON にはコメントは書けないのですが、VS Code の独自拡張で launch.json に関し
てはコメントを書けるようになっています。

　Debug をクリックすると、ブレークポイントを置いた行が黄色くハイライトされ、さらにブ
レークポイントの位置に黄色い矢印が置かれます。黄色いハイライトと矢印は、どちらも「これ
から実行しようとしているのはこの場所だ」という印です。これでプログラムの実行が黄色いハ
イライトと矢印の直前で一時停止した状態になっています。

　ここから先プログラムの実行を続ける場合、実行の仕方によって次の選択肢があります。

- **次の行でまた止まってほしい**：Run メニューから **Step Over**
- **次のブレークポイントかテストの最後まで実行してほしい**：Run メニューから **Continue**
- **ハイライトの当たっている行にある関数に入って 1 行ずつ実行したい**：Run メニューから **Step In**
- **今実行している関数の最後まで実行して抜け出したい**：Run メニューから **Step Out**
- **デバッグを止めたい**：Run メニューから **Stop Debugging**

　なお、デバッグ中でもブレークポイントの追加および削除は可能です。

8-4　予定を削除できるようにしよう

今回はID=1の予定の削除処理の様子を見たかったので、288行目にブレークポイントを設定し、**Step In** します。すると、288行目で呼んでいる **delete_schedule** 関数の先頭にハイライトが移ります。

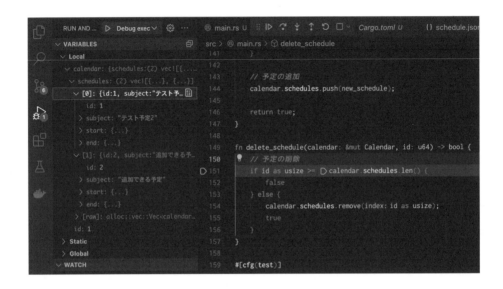

変数の値は、**Run and Debug** ペインの **VARIABLES** に表示されています。上の図では引数として渡ってきた **calendar** 変数の中身を展開して表示しています。ここから **Step Over** して実行を進めると **calendar** 変数はどうなるでしょうか？

154行目を実行したことで変わった変数が、ペインの中でハイライト表示されています。**calendar.shedules** の中身が変わる前後を見比べてみると、ID=1の予定を削除するつもりが、1番目にあるID=2の予定を削除してしまっていました。これではうまくいくはずがありません。原因がわかったのでデバッガを離れて早速修正しましょう。

```rust
fn delete_schedule(calendar: &mut Calendar, id: u64) -> bool {
    // 予定の削除
    for i in 0..calendar.schedules.len() {
        if calendar.schedules[i].id == id {
            calendar.schedules.remove(i);
            return true;
        }
    }
    false
}
```

先頭から順番に要素を調べていって、IDが一致すれば削除する、という実装に変えました。これでテストが通るようになり、修正完了です。

COLUMN　**テストを追加し忘れないために**

今回は実行してみてうまく動かなかったためテストを追加しました。しかし、このような流れで開発を続けていると潜在的なバグに事前に気づくことができなくなります。そのため、不具合があったからテストを書くのではなく、不具合がなくてもテストを書けている状態にしておくのが理想です。

ところが、よくある開発者の心理として、プログラムの実装に集中しすぎてテストを書き忘れるということがよくあります。

テストの書き忘れに気づくための手段として、**テストカバレッジ**の計測が挙げられます。つまり、どのくらいの割合のソースコードに対してテストが1回でも走ったか計測するということです。

Rust でテストカバレッジを計測する場合、**cargo-llvm-cov** というツールを使います。インストール方法は簡単で、次のコマンドを実行するだけです。

```
$ cargo install cargo-llvm-cov
$ rustup component llvm-tools
```

テストカバレッジを計測するには、**cargo test** のかわりに次のコマンドを実行します。

```
$ cargo test
running 6 tests

$ cargo llvm-cov
```

実行すると、次のような出力が得られます。

```
running 8 tests
test tests::test_add_schedule ... ok
test tests::test_delete_schedule ... ok
test tests::test_schedule_intersects::case_1 ... ok
test tests::test_schedule_intersects::case_2 ... ok
test tests::test_schedule_intersects::case_3 ... ok
test tests::test_schedule_intersects::case_4 ... ok
test tests::test_schedule_intersects::case_5 ... ok
test tests::test_schedule_intersects::case_6 ... ok

test result: ok. 8 passed; 0 failed; 0 ignored; 0 measured; 0 filtered out; finished in 0.00s

Filename            Regions  Missed Regions  Cover   Functions  Missed Functions  Executed  Lines  Missed L
--------------------------------------------------------------------------------------------------------------
calendar/src/main.rs    101              70  30.69%         29                18    37.93%    208

TOTAL                   101              70  30.69%         29                18    37.93%    208
```

　カバレッジの計測基準には関数網羅や行網羅、分岐網羅など、さまざまなものがありますが、ひとまず気にするのは行網羅率（図では見切れていますが、**Missed Lines** の隣の **Cover** カラムの値）でしょう。コンパイル時に内部的に余分なメソッドが自動生成されることがあるため行網羅率は基本的に100%になりませんが、以前の計測と比べて急激に変わったようなことがあればテストの書き忘れを疑いましょう。

> **COLUMN　単体テストと結合テスト**
>
> 　書いているプログラムの規模が大きくなってくると、複数の機能をつなぎ合わせたテストが必要になってくることがあります。例えば本章で作成したプログラムでいうと、予定を追加してから削除して元に戻るか、というようなテストです。テストの種類にはさまざまな分け方の流派がありますが、その一つとして単一の機能に完結するテストを単体テスト、複数の機能を通貫して行うテストを結合テストと分ける流派があります。本章でこれまで書いてきたテストはすべて単体テストです。
>
> 　本章の冒頭で「本章ではテストの説明のため、このように一見うまく動くように見えて実はきちんと動かない実装を説明中にところどころ忍ばせてあります。」と書きましたが、このうち2つは予定の重複判定と予定の削除の節で修正した箇所です。最後の1つが、このCOLUMNの1つ前にある「(予定の新規追加時に) 本当にうまくIDが払い出せるのか」という箇所です。
>
> 　IDの払い出し処理は、予定の表示と追加機能のみの場合は正しく動作します。しかし、予定の削除機能を実装したことで正しく動作しなくなりました。例えば、IDが0, 1, 2の予定があったとして、0の予定を削除した後に予定を新しく追加すると、IDが2の予定が2つできてしまいます。
>
> 　プログラムの機能が増えるに従って、機能単体レベルで考慮するべきテストケースは次第に増えていきます。ところが新しい機能を実装するときに既存機能に及ぼす影響の範囲を見積もるのは大変難しく、見落としが発生しがちです。そこで、新しい機能と既存機能とを組み合わせたときに期待する動きをテストとして書くことで、既存機能への影響を検出することができます。
>
> 　今回の場合は、予定の削除後に予定を正しく追加できるかのみをテストするとよいです。

まとめ

本章では、勉強会カレンダーツールを通じて、テストの書き方とデバッグの仕方を学びました。

テストを書いてもプログラムに新しい機能は追加されないため、テストの実装は後回しにしたくなりがちです。しかし、テストを効果的に活用するとプログラムの不具合を事前に検出できるため完成した製品の品質が向上しますし、不具合の発生箇所の特定が速くなるため開発工数の削減にもつながります。

ぜひテストを活用して、一歩上のプログラムを書いていきましょう。

第 9 章

エラーハンドリングを
扱えるようになろう
［ 勉強会カレンダーツール ］

本章では、エラーハンドリングについて学び、第8章で作ったツールにエラーハンドリングを組み込むことで、実践的な手法を身につけます。

第9章
Flow Chart

エラーハンドリングの導入

エラーハンドリングについて学ぶ

Rustのエラーハンドリングを学ぶ

第8章で作ったツールにエラーハンドリングを組み込む

SECTION 9-1 エラーハンドリング

　プログラムをどんなに気をつけて書いていても、実行するときに処理を続けられない状態になることがあります。身近な例で考えてみましょう。

- オンラインゲームのプログラムで、プレイ中にプレーヤーが回線を切断したとき、それ以上プレイを続行することはできません
- ショッピングサイトでカートに入れた商品が、購入手続きの前に別のユーザーが購入して売り切れてしまったとき、購入手続きを行うことができません
- SNSに写真を投稿しようとしたときに、ユーザーが写真ではないファイルを選んだとき、投稿処理を続行することはできません

　このような、正常な処理から外れた状態のことを**エラー**と呼ぶことにします。エラーが発生したとき、プログラムを強制的に終了させて状態をリセットすることで、元の正常な状態に戻すことができます。しかし、エラーを適切に処理することで強制終了を避けることができれば、ユーザーにとって使いやすいプログラムになります。このように、発生したエラーを適切に処理することで、プログラムが処理を続行できる状態に戻すことを、**エラーハンドリング**と言います。Rustにはエラーハンドリングの機能が豊富に盛り込まれています。本章ではエラーハンドリングについて学び、エラーが発生しても処理を続行するプログラムの書き方を身に付けます。

　本章では、次の順に Rust におけるエラーハンドリングを学びます。

1. match 構文を用いて Result 型を処理する
2. エラー型を定義し、エラーを返す
3. ? を用いて簡単にエラーハンドリングを行う
4. 実際のプログラムを書く中でエラー処理を行う

SECTION 9-2 エラー処理の基本

実行したときにエラーになりうる関数は Result<T, E> という「型」を返します。これは返り値が「関数を正常に実行した結果 (T) かもしれないし、途中で発生したエラー (E) かもしれない」という、どちらでもあり得る値を表します。どのようなものか具体例を見ていきましょう。

例えば、標準ライブラリに入っている std::fs::File::open という関数を見てみましょう。この関数を使って次のようにファイル file.txt を開くことができます。

```
use std::fs::File;
let result = File::open("file.txt");
```

ここで、file.txt が実際に存在し、かつ、ファイルへアクセスする権限がある場合、ファイルを正常に開くことができます。一方で、ファイルが存在しなかったり、アクセスする権限がなかったりする場合には、エラーになります。このコードで result の型は Result<File, Error> です。これは返り値が、ファイルを正常に開くことができた結果の File か、ファイルを開くのに失敗したエラーの Error のどちらかであることを表します。無事にファイルを開くことができた場合は Ok(File) となり、エラーとなった場合は Err(Error) となります。

この result は unwrap() という関数を持っており、これを実行することによって Ok() だった場合はその結果が返り、Err() だった場合はその時点でプログラムを終了します。

```
let result = File::open("file.txt");
let file = result.unwrap(); // もしエラーだった場合はプログラムを終了する
```

エラーが発生したときに強制的に終了するようなプログラムはこれで十分ですが、エラーハンドリングを行い、エラーだった場合でも終了せず、追加の処理を行いたい場合もあります。

エラーだった場合に追加の処理を行うためには、**result** の内容に応じて処理内容を変える必要があります。次のコードのように **match** を使うことで **Result** が **Ok** のときと **Err** のときそれぞれについて処理を書くことができます。

```
let result = File::open("file.txt");
match result {
    Ok(file) => {
        println!("ファイルのオープンに成功しました！");
    }
    Err(error) => {
        println!("ファイルのオープンに失敗しました");
    }
}
```

　このように、エラーハンドリングを行うことで、エラーがあった場合でもプログラムを終了せずに処理を続行することができます。

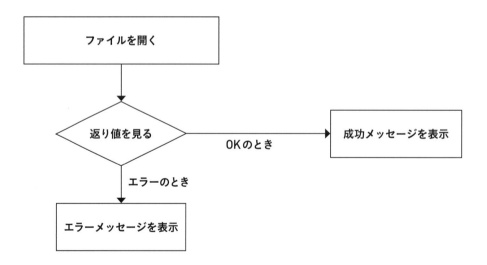

SECTION
9-3 エラー型を定義する

　先ほどの例では、**File::open** の返り値の型は **Result<File, Error>** となっていました。これはファイルを開くことに成功したら **Ok(File)** が、失敗したら **Err(Error)** が返ってくることを表しています。この **Error** は **std::io::Error** を指していて、Rust の標準ライブラリに含まれているファイルの読み書きなどで発生したエラーを表す型です。**Result** の 1 つ目の型、つまり処理が成功したときに **Ok** として返ってくる値の型は、処理の内容によるため自由に決めることができますし、2 つ目の型、すなわち処理が失敗したときに **Err** として返ってくるエラーの型も自由に決めることができます。

　例えば、ファイルを開くのに成功した場合はその **File** を返し、失敗した場合はエラーメッセージを **String** で返すような関数は、次のように実装できます。

```
fn open_file() -> Result<File, String> {
    let result = File::open("file.txt");
    match result {
        Ok(file) => {
            return Ok(file);
        }
        Err(error) => {
            return Err("ファイルのオープンに失敗しました".to_string());
        }
    }
}
```

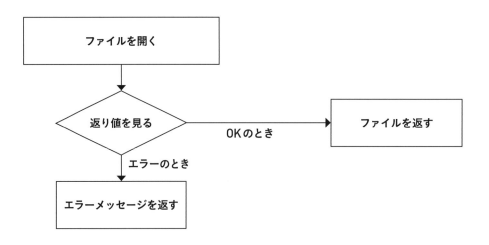

また、自分で作った構造体をエラーの型として使うこともできます。

```
struct MyError {
    message: String,
}

fn open_file() -> Result<File, MyError> {
    let result = File::open("file.txt");
    match result {
        Ok(file) => {
            return Ok(file);
        }
        Err(error) => {
            let error = MyError {
                message: "ファイルのオープンに失敗しました".to_string(),
            };
            return Err(error);
        }
    }
}
```

関数の処理内容によっては、1つの関数の中でファイルの読み書きをしたり、ネットワーク越しに通信したりと、関数内で発生しうるエラーの種類が1種類でない場合もあります。エラーハンドリングを行って発生したエラーに応じた処理を行う場合、発生するエラーを網羅する必要があるので、その関数内で発生するエラーをカバーする独自のエラー型を定義することになります。

SECTION 9-4　? を使ったエラーハンドリング

　先ほどの例では、エラーだったとき、エラーメッセージを生成し、自分で定義したエラー型である **MyError** にエラーメッセージを詰めて返していました。今度はエラーを自分で定義したエラー型に変換せずに、そのまま返すような関数を考えてみましょう。処理の途中でエラーが発生したとき、発生したエラーをそのまま返し、エラーが発生しなかったときは処理を続行するような関数は、次のように実装することができます。

```rust
fn my_function() -> Result<_, std::io::Error> {
    let result = File::open("file.txt");
    match result {
        Ok(file) => {
            // file を使った処理
        }
        Err(error) => {
            // 発生したエラーをそのまま返す
            return Err(error);
        }
    }
}
```

このような処理はたくさん登場するため、簡略化して次のように書くことができます。

```
fn my_function() -> Result<_, std::io::Error> {
    let result = File::open("file.txt");
    let file = result?; // result が Err の場合、この関数から Err を返す

    // file を使った処理

}
```

Rust では **Result**の後ろに **?** をつけると「もし **Ok** だった場合はその値を取り出し、**Err**だった場合はそのまま返す」という処理になります。

プログラムを書く中で「エラーが発生したときは、関数の処理を中断してそのエラーをそのまま返す」という処理を何回も書くことになります。Rust では **?** のみでこの処理を実現できるため、エラーハンドリングが非常にやりやすくなっています。

SECTION 9-5 実践的なエラーハンドリング

第8章で作ったプログラムにエラーハンドリングを組み込むことで、プログラムはどのようなエラーを出すのか、それらをどのようにハンドルすればよいのか、といったことを学んでいきましょう。

カレンダーを読み込む関数のエラーハンドリング

第8章で作ったプログラムには、次のような関数が実装されていました。

```
fn read_calendar() -> Calendar {
    let file = File::open(SCHEDULE_FILE).unwrap();
    let reader = BufReader::new(file);
    serde_json::from_reader(reader).unwrap()
}
```

ここで、**File::open** の返り値の型は **Result<File, std::io::Error>** です。**unwrap** することで、**File** を取り出していますが、**unwrap** はエラーだったとき、エラーの内容を表示してプログラムを終了してしまいます。**read_calendar()** を次のように書き換え、エラーだったときに終了せずにエラーを返すような関数にします。

```
fn read_calendar() -> Result<Calendar, std::io::Error> {
    let file = File::open(SCHEDULE_FILE)?;
    let reader = BufReader::new(file);
    let calendar = serde_json::from_reader(reader).unwrap();
    Ok(calendar)
}
```

これで File::open がエラーだったとき、Err(std::io::Error) を返し、正常に完了したときは Ok(Calendar) を返すようになります。

read_calendar() を呼び出している部分は複数ありますが、1つは次のようになっています。

```
let calendar = read_calendar();
show_list(&calendar);
```

先ほどの変更で read_calendar() は Result を返すようになったので、次のように場合分けを行います。

```
match read_calendar() {
    Ok(calendar) => {
        show_list(&calendar);
    }
    Err(error) => {
        println!("カレンダーの読み込みに失敗しました");
    }
}
```

これで、エラーだった場合はその旨を表示し、正常に完了した場合は後続の処理を行うようになりました。

334　　第9章　エラーハンドリングを扱えるようになろう［勉強会カレンダーツール］

カレンダーを保存する関数のエラーハンドリング

カレンダーを保存する関数は次のようになっています。

```
fn save_calendar(calendar: &Calendar) {
    let file = File::create(SCHEDULE_FILE).unwrap();
    let writer = BufWriter::new(file);
    serde_json::to_writer(writer, calendar).unwrap();
}
```

これも同様に、**File::create** がエラーのときはエラーを返すように書き換えます。エラーが発生しなかった場合は何も返しませんが、正常に完了したことを返す必要があります。このようなとき、何の値も持たないことを表す () を返すことで、正常に完了したことを表すことにします。これを踏まえて、先ほどの関数を書き直すと、次のようなコードになります。

```
fn save_calendar(calendar: &Calendar) -> Result<(), std::io::Error> {
    let file = File::create(SCHEDULE_FILE)?;
    let writer = BufWriter::new(file);
    serde_json::to_writer(writer, calendar).unwrap();
    Ok(())
}
```

これで **File::create** がエラーだったとき、**Err(std::io::Error)** を返し、正常に完了したときは **Ok(())** を返すようになります。

独自のエラー型を実装しよう

先ほどの関数をもう一度見てみましょう。

```
fn save_calendar(calendar: &Calendar) -> Result<(), std::io::Error> {
    let file = File::create(SCHEDULE_FILE)?;
    let writer = BufWriter::new(file);
    serde_json::to_writer(writer, calendar).unwrap();
    Ok(())
}
```

実は、エラーが発生しうる関数は File::create だけではありません。serde_json::to_writer も返り値は Result で、エラーになりえますが、unwrap しています。この unwrap を ? で置き換えて、次のようなコードにしてみます。

```
fn save_calendar(calendar: &Calendar) -> Result<(), std::io::Error> {
    let file = File::create(SCHEDULE_FILE)?;
    let writer = BufWriter::new(file);
    serde_json::to_writer(writer, calendar)?;
    Ok(())
}
```

一見問題なく動きそうですが、コンパイルエラーになってしまい、動かすことができません。

File::create は Result<File, std::io::Error> を返します。よって ? をつけると、エラーだったとき Err(std::io::Error) を返そうとします。一方、serde_json::to_writer は Result<(), serde_json::Error> を返します。よって ? をつけると、エラーだったとき Err(serde_json::Error) を返そうとします。save_calendar の返り値の型は Result<(), std::io::Error> なので、Err(serde_json::Error) を返すことはできません。この型の不整合がコンパイルエラーの原因です。

336　第9章　エラーハンドリングを扱えるようになろう［勉強会カレンダーツール］

std::io::Error と serde_json::Error という２つの異なるエラー型を返すような処理を、１つの関数内で行うことはできないのでしょうか。これを実現するには、どちらのエラー型からも作れる独自のエラー型を定義し、そのエラー型を返すような関数にする必要があります。

　定義する独自のエラー型を **MyError** として、次のように定義します。

```
enum MyError {
    Io(std::io::Error),
    Json(serde_json::Error),
}
```

　これで、std::io::Error も serde_json::Error も MyError に変換することができます。先ほどのコンパイルエラーになったコードを **MyError** を使って書き直してみましょう。

```
fn save_calendar(calendar: &Calendar) -> Result<(), MyError> {
    let file = File::create(SCHEDULE_FILE)
        .map_err(|err| MyError::Io(err))?;
    let writer = BufWriter::new(file);
    serde_json::to_writer(writer, calendar)
        .map_err(|err| MyError::Json(err))?;
    Ok(())
}
```

　Result には **map_err** という関数が実装されていて、これを使うことで、エラーだった場合の中身を変換することができます。今回は **map_err** を使って、**Result<File, std::io::Error>** を **Result<File, MyError>** に、**Result<(), serde_json::Error>** を **Result<(), MyError>** に、それぞれ変換しています。こうして、関数内のすべての **?** が、エラーのときに **MyError** を返すようになり、関数内で返す型が等しくなったため、コンパイルできるようになります。

9-5　実践的なエラーハンドリング　　　337

エラーの変換ロジックを実装しよう

MyError を実装したことで、各エラーを MyError に変換し、エラーハンドリングできる
ようになりましたが、map_err を毎回書くのは面倒です。save_calendar の返り値の型は
Result<(), MyError> で、File::create の返り値のほうは Result<File, std::io::Error> です
から、? をつけたら自動的に変換してほしくもあります。

実は、? にはそのような機能が備わっていて、上記のケースでは MyError に From
<std::io::Error> が実装されていれば、自動的に変換してくれます。具体的には、次のコードの
ようになります。

```rust
fn save_calendar(calendar: &Calendar) -> Result<(), MyError> {
    let file = File::create(SCHEDULE_FILE)?;
    let writer = BufWriter::new(file);
    serde_json::to_writer(writer, calendar)?;
    Ok(())
}


impl From<std::io::Error> for MyError {
    fn from(err: std::io::Error) -> Self {
        MyError::Io(err)
    }
}


impl From<serde_json::Error> for MyError {
    fn from(err: serde_json::Error) -> Self {
        MyError::Json(err)
    }
}
```

impl From<std::io::Error> for MyError {...} があるため、**File::create** がエラーになり
Err(std::io::Error) を返したとき、自動的に **Err(MyError)** に変換されて返されます。serde_
json::Error についても同様に変換してくれます。

このように、エラーからエラーへの変換ロジックを **From** で1カ所に書いておくことで、呼
び出す際は **?** だけで自動的に変換してくれるようになります。

---

thiserror

最後に、**thiserror** という便利なクレートを紹介します。ここまでの **MyError** とその変換ロ
ジックをまとめると、次のようになります。

```
enum MyError {
    Io(std::io::Error),
    Json(serde_json::Error),
}


impl From<std::io::Error> for MyError {
    fn from(err: std::io::Error) -> Self {
        MyError::Io(err)
    }
}


impl From<serde_json::Error> for MyError {
    fn from(err: serde_json::Error) -> Self {
        MyError::Json(err)
    }
}
```

ここで **impl From<...> for MyError {...}** はエラーの種類の数だけ増えていきますが、エラー
ごとにそこまで違いがあるわけではなく、毎回ほとんど同じコードになります。**thiserror** では

9-5　実践的なエラーハンドリング　　　339

こうした冗長なコードを減らすことができます。**thiserror** を使って先ほどのコードを次のように書き直せます。

```rust
#[derive(thiserror::Error, Debug)]
enum MyError {
    #[error("io error: {0}")]
    Io(#[from] std::io::Error),

    #[error("json error: {0}")]
    Json(#[from] serde_json::Error),
}
```

#[from] をつけることで、**impl From<...> for MyError** を実装してくれます。また、**#[error(...)]** でエラーの種類ごとにエラーメッセージを設定することができます。

thiserror はほかにもエラーを見やすくする機能が多く備わっています。ソフトウェア開発でエラーが出るとき、たいてい思いもよらない原因でエラーになっています。発生したエラーから少しでも解決のヒントが得られるように、エラーにできるだけ情報を盛り込むようにするとよいでしょう。

まとめ

本章ではエラーハンドリングについて学び、Rust でエラーハンドリングする方法を学びました。エラーハンドリングは、メインの処理ではないため手を抜いてしまいたくなりますが、発生したエラーを正しく処理しなければ、システムが不安定になってしまいます。Rust では **?** の1文字で簡単にハンドリングすることができるので、エラーハンドリングを必ず行い、安全なソフトウェアを実装するようにしましょう。

COLUMN **anyhow と thiserror**

　本章では、独自のエラー型を簡単に作るために thiserror というライブラリを使いました。このライブラリは Rust ユーザーの間で広く使われていて、独自のエラー型を定義する際には必須と言ってよいでしょう。

　もう一つ広く使われているエラーハンドリングのライブラリとして anyhow があります。thiserror はさまざまなエラーを独自のエラー型に簡単に変換できるようにするライブラリですが、anyhow はさまざまなエラーを **anyhow::Error** に変換することで、独自のエラー型を定義せずに扱えるようにするものです。

　先ほどのコードを MyError の代わりに anyhow を使って、次のように書き換えられます。

```
fn save_calendar(calendar: &Calendar) -> Result<(), anyhow::Error> {
    // std::io::Error が自動的に anyhow:Error に変換される
    let file = File::create(SCHEDULE_FILE)?;

    let writer = BufWriter::new(file);

    // serde_json::Error が自動的に anyhow:Error に変換される
    serde_json::to_writer(writer, calendar)?;

    Ok(())
}
```

　このように、anyhow::Error はさまざまなエラー型から変換できるようになっているため、エラーの型について深く考えずにコードを書くことができます。一方で、エラーを処理する場面では、あらゆる種類のエラーがすべて **anyhow::Error** に変換されてしまうため、エラーの種類によって条件分岐することができません。

　エラーの種類を気にせず素早くコードを書きたいときは anyhow を、エラーの種類によって処理を変えたいときは thiserror を使うなど、使い分ける必要があることを覚えておくとよいでしょう。

　ちなみに、anyhow も thiserror も David Tolnay 氏が作ったものです。彼はこの2つの有名なライブラリだけでなく、Rust に欠かせないありとあらゆるツールを作っています。Rust を学んでいく中で、彼のハンドルネーム「dtolnay」を何度も目にすることになるでしょう。

第10章

かんたんなウェブアプリを
作れるようになろう
[TODO アプリ]

本章では、ウェブブラウザから利用可能な TODO アプリの開発を通して、ウェブアプリの仕組みと作り方を学びます。TODO アプリの開発は以下の要領で行います。

1. Rust で利用可能なフレームワークを使って、ブラウザでアクセスできるウェブサーバーを作成します
2. このウェブサーバーが HTML を生成できるようにします
3. SQL について学び、入力されたデータをデータベースに保存できるようにします
4. ウェブサーバーとデータベースを結合し、ブラウザから操作できるようにして完成です

第10章
Flow Chart

TODOアプリができるまで

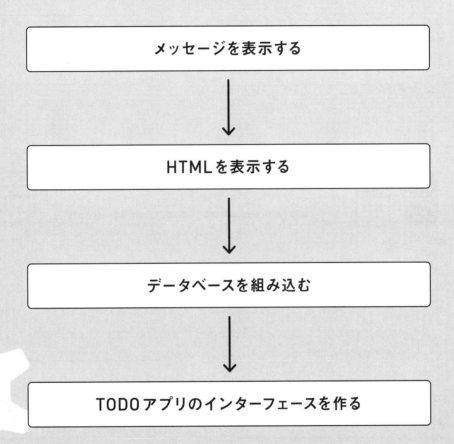

SECTION 10-1 ウェブブラウザの仕組み

ウェブブラウザを使ってウェブサイトを閲覧するとき、ブラウザはウェブサイトを提供するサーバーと呼ばれるコンピュータにアクセスします。このとき、ブラウザから「このサイトにアクセスしたい」という**リクエスト**をサーバーに送信し、それに対してサーバーがウェブサイトの内容を、**レスポンス**としてブラウザに返しています。

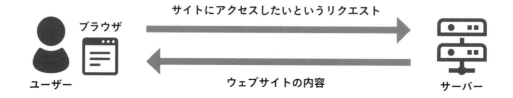

このとき、サーバーで動作しているプログラムは、これまで本書で作ってきたプログラムと異なり、ターミナルではなく主にウェブを通じてユーザーに機能を提供しています。このように、主にウェブを通じて機能を提供するアプリケーションのことを、**ウェブアプリケーション（ウェブアプリ）** と呼びます。ウェブアプリでないアプリケーションとしては、これまで本書で作ってきたコマンドラインアプリケーションや、スマートフォン上で動作するスマホアプリ、家電製品などに組み込まれている組み込みソフトなどがあります。

本章ではかんたんなウェブアプリとして、このようにブラウザからリクエストが来た際に、ウェブサイトの内容をレスポンスとして返すサーバーを作ります。

SECTION 10-2 | TODO アプリを作ろう

ウェブアプリとして、TODO アプリを作ります。TODO アプリとは、タスクを管理するためのアプリです。タスクを追加したり、削除したりすることができます。本章を通して、下の画像のような TODO アプリを開発します。

- タスク1 Done
- タスク2 Done
- タスク3 Done

[   ] 作成

TODO アプリの仕様

作成する TODO アプリの仕様を次に示します。

- 保存されている TODO 一覧が表示されている
- 各 TODO は「Done」ボタンを押すことで完了と見なされ、リストから削除される
- テキストボックスがあり、新しい TODO を入力できる。「作成」ボタンを押すことでリストに追加できる

また、このアプリの最終的な構成を次の図に示します。

メッセージを表示しよう

まずは、メッセージを表示するだけのウェブアプリを作ります。ブラウザからのリクエストに対して、テキストでレスポンスを返すウェブサーバーを作りましょう。

actix-web のインストール

ウェブアプリを作るために **actix-web** をインストールします。actix-web は Rust でウェブアプリを作るためのライブラリです。非常に多くの機能があるため土台として利用することができ、開発者は自分が作りたいアプリの機能を追加するだけでウェブアプリを作ることができます。このように、土台として使うことができるライブラリのことを**フレームワーク**と呼びます。actix-web のようにウェブアプリを作るためのフレームワークは、ウェブフレームワークと呼ばれます。

actix-web をインストールするには、Cargo.toml に次のように追記します。

```
[dependencies]

actix-web = "4"
```

actix-web を使って、何もしないウェブサーバーを作ってみましょう。これは次のように実装できます。

```
use actix_web::{App, HttpServer};

#[actix_web::main]
async fn main() -> std::io::Result<()> {
    HttpServer::new(|| App::new())
        .bind(("127.0.0.1", 8080))?
        .run()
        .await
}
```

346　　　第10章　かんたんなウェブアプリを作れるようになろう［TODOアプリ］

これを実行して、ブラウザから http://127.0.0.1:8080/ にアクセスし、何も表示されなければ成功です。

このコードの中身を見ていきましょう。

#[actix_web::main]というマクロをつけることで、main関数を非同期関数として実行できるようになります。インターネットとの通信をはじめとする非同期処理はそのまま実行できず、非同期処理を含む非同期関数を実行するためには非同期ランタイムと呼ばれる仕組みが必要です。#[actix_web::main] を main 関数につけることで、非同期ランタイムを使う形に main 関数が変換され、main 関数の中から非同期関数を呼べるようになります。

余談ですが、Rustの非同期ランタイムにはtokioというライブラリが広く使われていますが、actix-webにはtokioをインストールせずに使えるようにするため、tokioをベースにした非同期ランタイムが同梱されています。そのため、actix-webとは別にtokioをインストールして#[tokio::main]と書いても問題なく動作します。

HttpServer::new() で、サーバーを作ります。引数には、実際にリクエストを処理する App という構造体を作るクロージャを渡します。App は App::new() で作ることができます。

127.0.0.1 というのは自分自身を指す**アドレス**で、このプログラムを実行するマシンを指しています。8080 は**ポート番号**です。このプログラムを実行している OS 上には「ポート」と呼ばれるたくさんの出入り口があり、インターネット経由で外部とやりとりするプログラムはいずれかのポートを介して通信します。このプログラムは 8080 番のポートを使って外からの接続を受け付けます。

HttpServer は bind() という関数を呼ぶことで、サーバーを 127.0.0.1 の 8080 番ポートにひも付けています。このポートが別のサーバーなどに使われていた場合はひも付けることができないため、bind() は Result を返します。

run() は、サーバーを実行する関数です。await というキーワードをつけることで、サーバーが終了するまで待つことができますが、正常に動作し続ける限りサーバーが終了することはないので、この main は終了せずに実行し続けることになります。

単純なメッセージを表示する

作ったウェブサーバーは **127.0.0.1:8080** に立ち上がるだけで何もしません。ここに、単純な
メッセージを表示する機能を追加します。まずは、メッセージを表示する関数を作ります。
actix-web でリクエストに対して、**Hello, world!** というテキストをレスポンスとして返す関数
は次のように実装できます。

```
use actix_web::get;

#[get("/hello")]
async fn hello() -> String {
    "Hello, world!".to_string()
}
```

#[get("/hello")] というマクロをつけることで、この関数が **/hello** というアドレスにアクセ
スされたときに呼ばれる関数だということを、actix-web に伝えます。これを使ったウェブサー
バーは次のように作ることができます。

```
use actix_web::{get, App, HttpServer};

#[get("/hello")]
async fn hello() -> String {
    "Hello, world!".to_string()
}

#[actix_web::main]
async fn main() -> std::io::Result<()> {
    HttpServer::new(|| App::new().service(hello))
        .bind(("127.0.0.1", 8080))?
        .run()
        .await
}
```

348　　第10章　かんたんなウェブアプリを作れるようになろう [TODO アプリ]

これを実行して http://127.0.0.1:8080/hello にアクセスし、**Hello, world!** というテキスト
が表示されれば成功です。

リクエストに応じてメッセージの内容を変える

先ほどのコードでは、**/hello** にアクセスしたときに **Hello, world!** というテキストを返して
いました。これを、リクエストに応じてメッセージの内容を変えるようにしましょう。

具体的には、名前を指定したときに **Hello, {name}!** というテキストを返すようにします。
{name} というのは、名前を入れる場所を表しています。例えば、**/hello/john** というアドレス
にアクセスしたときには **Hello, john!** というテキストを返すようにします。そのような関数は
次のように **hello()** を書き換えることで実装できます。

```
use actix_web::{get, web};

#[get("/hello/{name}")]
async fn hello(name: web::Path<String>) -> String {
    format!("Hello, {name}!")
}
```

これを先ほどのコードに含めると、次のようになります。

```
use actix_web::{get, web, App, HttpServer};

#[get("/hello/{name}")]
async fn hello(name: web::Path<String>) -> String {
    format!("Hello, {name}!")
}

#[actix_web::main]
async fn main() -> std::io::Result<()> {
    HttpServer::new(|| App::new().service(hello))
```

10-2 TODO アプリを作ろう 　　**349**

```
        .bind(("127.0.0.1", 8080))?
        .run()
        .await
}
```

　これを実行して、**http://127.0.0.1:8080/hello/john** にアクセスすると **Hello, john!** という
テキストが表示されます。さまざまな名前でアクセスして、結果が変わることを確認してみま
しょう。

　確認が終わったら、先ほどのコードを見てみましょう。**get** マクロは、指定するアドレスの中
に変数を設定することができます。今回は **#[get("/hello/{name}")]** と書くことで、**{name}**
の部分にどのような文字列が来ても受け付けられるようにしています。これによって **/hello/
john** や **/hello/rust** にアクセスされたときも、レスポンスを返すことができます。この変数部
分の値は **actix_web::web::Path** を通じて取得することができます。今回は変数が **{name}** の
1つだけなので **Path<String>** とすることで **name** を **String** として取得しています。変数が複
数ある場合、例えば **/hello/{name}/{age}** というアドレスの場合は **Path<(String, u32)>** と
することで、**name** を **String** として、**age** を **u32** として取得することができます。

HTML を表示しよう

　ここまでで、リクエストに応じてテキストでレスポンスを返すサーバーを作れるようになりま
した。しかし、実際のウェブページは単純なテキストではなく、テキストの装飾や画像、ボタン
などのフォームが散りばめられています。このようなウェブページは **HTML** という言語で書か
れています。ブラウザに HTML で書かれたウェブページを描画することができるので、HTML
を使って機能を持った複雑なページを作成します。

HTMLを書いてみよう

HTMLは**タグ**と呼ばれるマーカーを使って記述します。<...> のようなものを開始タグ、</...> のようなものを終了タグと呼び、開始タグと終了タグで囲まれた部分にそのタグの意味を持たせることができます。例えば、**<b>** は「太字にする」という意味を持ったタグで、**<b>** と **</b>** で囲まれた部分は太字になります。

次のような内容のファイルを **index.html** という名前で作成します。

```
aaa<b>bbb</b>ccc
```

これをブラウザで開いてみましょう。**aaa** と **ccc** は普通のテキストとして表示され、**bbb** は太字で表示されることが確認できます。

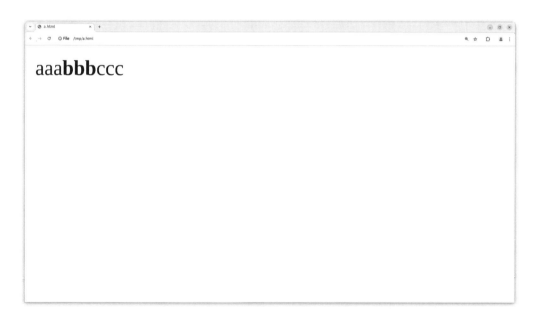

このようにタグを組み合わせてユーザーに表示したいものを作り上げていきます。

HTML でページを作成する

HTML で作成するページの基本構造は次のようになっています。

```
<html>
    <head>

        ...
    </head>
    <body>

        ...
    </body>
</html>
```

<html> というタグで囲むことで、囲まれた部分がページであることを表します。**<head>** というタグで囲まれた部分はページの情報を表し、**<body>** というタグで囲まれた部分はページの内容を表します。**<head>** にはページのタイトルなどの情報を書きます。**<body>** にはページの内容を表すタグを書きます。

次のような内容のファイルを **index.html** という名前で作成します。

```
<html>

<head>
    <title>Hello world!</title>
</head>

<body>
    Hello <b>world</b>
</body>

</html>
```

352　　　第10章　かんたんなウェブアプリを作れるようになろう［ TODOアプリ ］

タイトルが Hello world! になり、**<body>...</body>** で囲まれた部分がブラウザに表示されていることが確認できます。

テンプレートエンジン

先ほどのような HTML をサーバーから返すことを考えます。ただ内容の固定された HTML を返すだけでなく、リクエストに応じて内容を変更して表示します。HTML を文字列として、以前作った **hello()** という関数から返すようにすると、次のように書けます。

```
#[get("/hello/{name}")]
async fn hello(name: web::Path<String>) -> String {
    format!(
        "
        <html>

        <head>
            <title>Hello world!</title>
        </head>
```

```
        <body>
            Hello <b>{name}</b>
        </body>

        </html>"
    )
}
```

　ユーザーに表示したいものを作り込んでいくと、表示する HTML はどんどん複雑になっていきます。Rust のコード内に複雑な HTML を文字列としてバグなく作り込んでいくのは大変ですし、コードも読みにくくなってしまいます。そこで、HTML はあらかじめ別のファイルに作っておき、リクエストに応じて必要な値を埋め込んで表示するようにします。

　このような仕組みを**テンプレートエンジン**と呼びます。Rust には **askama** というテンプレートエンジンがあるので、これを使ってみましょう。まずは Cargo.toml に **askama** と、**askama** を **actix-web** と一緒に使うためのライブラリ **askama_actix** を追加します。

```
[dependencies]
askama = "0.12"
askama_actix = "0.14"
```

　次に、テンプレートを作成します。templates というディレクトリを作成し、その中に **hello.html** という名前のファイルを作成します。プロジェクトのディレクトリ構成は次のようになります。

```
├── Cargo.lock
├── Cargo.toml
├── src
│       └── main.rs
└── templates
        └── hello.html
```

templates/hello.html の中身を次のようにします。

```html
<html>

<head>
    <title>Hello world!</title>
</head>

<body>
    Hello <b>{{ name }}</b>
</body>

</html>
```

{{ name }} というのは、テンプレートエンジンの構文で、name という変数を埋め込むことを表しています。このようにテンプレートエンジンの構文を使うことで、HTML の中に変数を埋め込むことができます。このテンプレートに変数を埋め込むための Rust 側のコードは次のようになります。

```rust
use askama::Template;

#[derive(Template)]
#[template(path = "hello.html")]
struct HelloTemplate {
    name: String,
}
```

#[derive(Template)] というマクロをつけることで、HelloTemplate という構造体をテンプレートとして使えるようになります。#[template(path = "hello.html")] というマクロをつけることで、templates ディレクトリの中にある hello.html というファイルをテンプレートとして使うことを指定しています。このテンプレートに変数を埋め込んで HTML を表示するように hello() を書き換えます。

10-2 TODO アプリを作ろう

```
use actix_web::HttpResponse;
use askama_actix::TemplateToResponse;


#[get("/hello/{name}")]
async fn hello(name: web::Path<String>) -> HttpResponse {
    let hello = HelloTemplate {
        name: name.into_inner(),
    };
    hello.to_response()
}
```

web::Path<String> は into_inner() という関数を持っていて、これを呼ぶことで中身の
String を取り出すことができます。これを name として HelloTemplate に渡しています。
TemplateToResponse を use しておくと HelloTemplate に to_response() という関数が追
加されます。これを呼ぶことで HttpResponse に変換することができます。HttpResponse を
返す関数もサーバーに登録することができるので、この関数を使ってサーバーから値を埋め込ん
だ HTML を返すことができます。

ここまでをまとめたコード全体は次のようになります。

```
use actix_web::{get, web, App, HttpResponse, HttpServer};
use askama::Template;
use askama_actix::TemplateToResponse;


#[derive(Template)]
#[template(path = "hello.html")]
struct HelloTemplate {
    name: String,
}


#[get("/hello/{name}")]
async fn hello(name: web::Path<String>) -> HttpResponse {
```

356 　　　第10章　かんたんなウェブアプリを作れるようになろう［TODO アプリ］

```
    let hello = HelloTemplate {
        name: name.into_inner(),
    };
    hello.to_response()
}

#[actix_web::main]
async fn main() -> std::io::Result<()> {
    HttpServer::new(|| App::new().service(hello))
        .bind(("127.0.0.1", 8080))?
        .run()
        .await
}
```

これで **http://127.0.0.1:8080/hello/rust** にアクセスすると、**rust** が太字になった HTML が表示されます。

複雑な HTML を組み立てる

TODO アプリになるような HTML を組み立てることを考えます。次のような HTML を作成し、**todo.html** という名前で **templates** ディレクトリに保存します。

```html
<html>

<head>
    <title>TODO</title>
</head>

<body>
    <ul>
        <li>タスク1</li>
        <li>タスク2</li>
    </ul>
</body>
</html>
```

<ul> タグはリストを、**<li>** タグはリストの要素を表します。この HTML を表示するために、**TodoTemplate** という構造体を作ります。

```rust
#[derive(Template)]
#[template(path = "todo.html")]

struct TodoTemplate {}
```

また、このテンプレートをトップページにあたる **/** というアドレスで表示するための関数を作ります。

```rust
#[get("/")]
async fn todo() -> HttpResponse {
```

```
    let todo = TodoTemplate {};
    todo.to_response()
}
```

これを hello と同じようにサーバーに登録します。

```
#[actix_web::main]
async fn main() -> std::io::Result<()> {
    HttpServer::new(|| App::new().service(hello).service(todo))
        .bind(("127.0.0.1", 8080))?
        .run()
        .await
}
```

これで http://127.0.0.1:8080/ にアクセスしてみましょう。タスクのリストが表示されます。

このタスクのリストには、現在は 2 つのタスクが HTML に直接書き込まれています。タスクのリストはどこかに保存されているものと考えて、そのリストを HTML に埋め込むことで表示するようにします。そのようなリストを **tasks** という **Vec<String>** として **TodoTemplate** に渡すようにします。まず、Rust 側を次のように実装します。

```
#[derive(Template)]
#[template(path = "todo.html")]
struct TodoTemplate {
    tasks: Vec<String>,
}


#[get("/")]
async fn todo() -> HttpResponse {
    let tasks = vec!["タスク1".to_string(), "タスク2".to_string(),
    "タスク3".to_string()];
    let todo = TodoTemplate { tasks };
    todo.to_response()
}
```

次に HTML テンプレートの実装も変更します。**askama** は **for** 文をサポートしているため、次のように書くことで、**tasks** の数だけリストの要素を作ることができます。

```
<html>

<head>
    <title>TODO</title>
</head>

<body>
    <ul>
        {% for task in tasks %}
        <li>{{ task }}</li>
```

```
        {% endfor %}
    </ul>
</body>

</html>
```

これでタスクのリストが **tasks** の内容に応じて変化するようになりました。

ここまでをまとめると、コード全体は次のようになっています。

```rust
use actix_web::{get, web, App, HttpResponse, HttpServer};
use askama::Template;
use askama_actix::TemplateToResponse;


#[derive(Template)]
#[template(path = "hello.html")]
struct HelloTemplate {
    name: String,
}


#[get("/hello/{name}")]
async fn hello(name: web::Path<String>) -> HttpResponse {
    let hello = HelloTemplate {
        name: name.into_inner(),
    };
    hello.to_response()
}
#[derive(Template)]
#[template(path = "todo.html")]
struct TodoTemplate {
    tasks: Vec<String>,
}
```

10-2 TODO アプリを作ろう　　　361

```
#[get("/")]
async fn todo() -> HttpResponse {
    let tasks = vec![
        "タスク1".to_string(),
        "タスク2".to_string(),
        "タスク3".to_string(),
    ];
    let todo = TodoTemplate { tasks };
    todo.to_response()
}


#[actix_web::main]
async fn main() -> std::io::Result<()> {
    HttpServer::new(|| App::new().service(hello).service(todo))
        .bind(("127.0.0.1", 8080))?
        .run()
        .await
}
```

COLUMN　フロントエンドとバックエンド

　本書は「バックエンド」のエンジニアに向けた本ですが、対になる概念として「フロントエンド」というものがあります。バックエンドやフロントエンドが指すものはシステムによって異なりますが、ユーザーに近い前方で動いているものをフロントエンドと呼び、ユーザーから遠い後方で動いているものをバックエンドと呼ぶのはおおむね共通しています。ウェブアプリでは多くの場合、サーバー上で動くアプリケーションをバックエンドと呼び、そのバックエンドにアクセスするブラウザ上で動くアプリケーションをフロントエンドと呼んでいます。

　本章で扱っている TODO アプリでは、HTML をウェブサーバーが askama を使って生成していましたが、実は現代のウェブアプリではこれは一般的ではありません。現代のウェブアプリでは、ブラウザ上で JavaScript というプログラミング言語で実装されたプログラムが動き、ユーザーからの入

力を受け取ったりウェブサーバーと通信したりして、ブラウザ上に表示する HTML を生成しています。このブラウザ上で動く JavaScript や HTML を使ったプログラムをフロントエンドと呼び、このフロントエンドが通信する相手である、サーバー上で動くプログラムをバックエンドと呼んでいます。フロントエンドの領域だけでも広大で学ぶべきものが多くあるため、フロントエンドに特化した「フロントエンドエンジニア」という職種が存在する会社もあります。

　ちなみに、フロントエンドも Rust で実装してしまおうという Yew というプロジェクトもあります。

データを保存しよう

　ここまででタスクの一覧を表示する機能は実装できました。次に、タスクを保存したり削除したりする機能を実装します。

　タスクは**データベース**に保存することにします。データベースとは、データを保存し、使いやすくする仕組みで、ほとんどすべてのウェブアプリで用いられています。今回は SQL という言語でデータの保存や取得を行うことができるデータベースを使います。

SQL とは

　SQL とは、データベースを操作するためのプログラミング言語です。MySQL や PostgreSQL など、SQL に対応したデータベースは数多く存在し、世界中で日々使われています。データベースは使われ方もさまざまです。MySQL や PostgreSQL を使うにはデータベースサーバーを立てる必要がある一方で、SQLite というデータベースはデータベースサーバーなしで動作するため、これはウェブブラウザに組み込まれ、閲覧履歴を保存したり削除したりするのに使われています。

sqlx を導入して SQLite を使う

　Rust で SQL を使うためには、**sqlx** というライブラリを使うことができます。sqlx は SQL を使うためのライブラリで、SQLite や PostgreSQL など、さまざまなデータベースに対応しています。まずは sqlx をインストールします。

Cargo.toml に次のように追記します。

```
[dependencies]
sqlx = { version = "0.7.3", features = ["sqlite", "runtime-tokio"] }
```

MySQL や PostgreSQL など多くの SQL データベースは、専用のサーバーを立ち上げる必要がありますが、SQLite はサーバーを立ち上げる必要がなく、ファイルやメモリ内にデータを保存することができます。 次のように、sqlx を使ってメモリ内に SQLite のデータベースを立ち上げることができます。

```
use sqlx::SqlitePool;
let pool = SqlitePool::connect("sqlite::memory:").await.unwrap();
```

この pool という変数を使って、データベースに対して操作を行うことができます。

テーブルを作成する

SQL では、テーブルという 2 次元の表のようなものを作ることができます。テーブルには行と列があり、行ごとにデータを保存することができます。表計算ソフトのようなものです。

ID	項 目	金額
1	食 費	30000
2	交 通 費	10000

タスクを保存するためのテーブルを作ります。いったんタスクの名前だけ保存できればよいので、次のようなテーブルを作ることを考えます。

task
タスク1
タスク2

テーブルを作成する SQL は次のような形式で書くことができます。

```
CREATE TABLE [テーブルの名前] ([テーブルのカラム名やデータの形式]);
```

よって先ほどのテーブルを作成する SQL は次のようになります。

```
CREATE TABLE tasks (task TEXT);
```

これを先ほど作成した **pool** という変数を使って、次のように実行することができます。

```
sqlx::query("CREATE TABLE tasks (task TEXT);").execute(&pool).await.unwrap();
```

データを保存する

作成したテーブルにデータを保存する SQL は次のような形式で書くことができます。

```
INSERT INTO [テーブルの名前] ([カラムの名前]) VALUES ([データ]);
```

よって、先ほどのテーブルにデータを保存する SQL は次のようになります。

```
INSERT INTO tasks (task) VALUES ('タスク1');
```

これを先ほど作成した pool という変数を使って、次のように実行することができます。

```
sqlx::query("INSERT INTO tasks (task) VALUES ('タスク1');")
    .execute(&pool)
    .await
    .unwrap();
sqlx::query("INSERT INTO tasks (task) VALUES ('タスク2');")
    .execute(&pool)
    .await
    .unwrap();
```

```
sqlx::query("INSERT INTO tasks (task) VALUES ('タスク3');")
    .execute(&pool)
    .await
    .unwrap();
```

データを取得する

作成したテーブルからデータを取得する SQL は次のような形式で書くことができます。

```
SELECT [カラムの名前] FROM [テーブルの名前];
```

よって、先ほどのテーブルからデータを取得する SQL は次のようになります。

```
SELECT task FROM tasks;
```

これを先ほど作成した **pool** という変数を使って、次のように実行することができます。

```
let rows = sqlx::query("SELECT task FROM tasks;").fetch_all(&pool).await.
unwrap();
let tasks: Vec<String> = rows.iter().map(|row| row.get::<String,
_>("task")).collect();
```

先ほどまではただ SQL を実行するだけだったので **execute** という関数を使っていましたが、今回は実行したうえで結果をすべて取得するので、**fetch_all** という関数を使います。

fetch_all は1行を表す **Row** という構造体の **Vec** を返すので、ここから **task** という列のデータを各行から取り出す必要があります。

ウェブアプリに SQL を組み込む

先ほどの、データを取得する部分を **todo()** に組み込みます。

まず、サーバーの起動時に、**pool** を組み込むようにします。これは次のように書くことができます。

366　　　第10章　かんたんなウェブアプリを作れるようになろう [TODO アプリ]

```
HttpServer::new(move || {
    App::new()
        .service(hello)
        .service(todo)
        .app_data(web::Data::new(pool.clone()))
})
.bind(("127.0.0.1", 8080))?
.run()
.await
```

web::Data::new() という関数を使って、サーバーに組み込みたい変数を web::Data に詰め込みます。こうすることで、**actix-web** が扱える形になります。これを **app_data()** を通して渡すことで、サーバーに組み込むことができます。このとき、**HttpServer::new(move || ...)** というように **move** をつけることで、クロージャ内からアクセスできるようになります。

これでサーバーの関数内からアクセスできるようになるので、次のように **todo()** に **pool** を渡します。

```
#[get("/")]
async fn todo(pool: web::Data<SqlitePool>) -> HttpResponse {
    let rows = sqlx::query("SELECT task FROM tasks;")
        .fetch_all(pool.as_ref())
        .await
        .unwrap();
    let tasks: Vec<String> = rows
        .iter()
        .map(|row| row.get::<String, _>("task"))
        .collect();
    let todo = TodoTemplate { tasks };
    todo.to_response()
}
```

10-2 TODO アプリを作ろう

ここまでのコードをまとめると、次のようになります。

```rust
use actix_web::{get, web, App, HttpResponse, HttpServer};
use askama::Template;
use askama_actix::TemplateToResponse;
use sqlx::{Row, SqlitePool};

#[derive(Template)]
#[template(path = "hello.html")]
struct HelloTemplate {
    name: String,
}

#[get("/hello/{name}")]
async fn hello(name: web::Path<String>) -> HttpResponse {
    let hello = HelloTemplate {
        name: name.into_inner(),
    };
    hello.to_response()
}
#[derive(Template)]
#[template(path = "todo.html")]
struct TodoTemplate {
    tasks: Vec<String>,
}
#[get("/")]
async fn todo(pool: web::Data<SqlitePool>) -> HttpResponse {
    let rows = sqlx::query("SELECT task FROM tasks;")
        .fetch_all(pool.as_ref())
        .await
        .unwrap();
    let tasks: Vec<String> = rows
```

```rust
        .iter()
        .map(|row| row.get::<String, _>("task"))
        .collect();
    let todo = TodoTemplate { tasks };
    todo.to_response()
}


#[actix_web::main]
async fn main() -> std::io::Result<()> {
    let pool = SqlitePool::connect("sqlite::memory:").await.unwrap();
    sqlx::query("CREATE TABLE tasks (task TEXT)")
        .execute(&pool)
        .await
        .unwrap();

    sqlx::query("INSERT INTO tasks (task) VALUES ('タスク1')")
        .execute(&pool)
        .await
        .unwrap();
    sqlx::query("INSERT INTO tasks (task) VALUES ('タスク2')")
        .execute(&pool)
        .await
        .unwrap();
    sqlx::query("INSERT INTO tasks (task) VALUES ('タスク3')")
        .execute(&pool)
        .await
        .unwrap();

    HttpServer::new(move || {
        App::new()
            .service(hello)
            .service(todo)
```

```
            .app_data(web::Data::new(pool.clone())))
    })
    .bind(("127.0.0.1", 8080))?
    .run()
    .await
}
```

　これを実行して、タスク1とタスク2とタスク3が表示されることを確認してみましょう。
INSERT するときのタスク名を変えることで、表示されるタスクの内容が変わることも確認して
みましょう。

COLUMN　いろいろなデータベース

　本章では SQLite という軽量な SQL のデータベースを利用しました。SQL を使ったデータベー
スはほかに PostgreSQL、MySQL、MariaDB などがあり、世界中で広く用いられています。これ
らの SQL データベースの大きな特徴として、レコードやテーブルの間の関係性を表現することが
できる点が挙げられます。今回はタスクを保存するテーブルを1つ作成しただけでしたが、ユー
ザーのテーブルを作成して、ユーザーにタスクをひも付けることで「ログインしたユーザーにひ
も付くタスクだけを表示する」といったこともできます。こういった特徴を持つデータベースを
Relational Database と呼び、略して **RDB** と呼ばれています。

　一方で、こういったひも付けを行わないことで、柔軟性を高くしたり、処理速度を速くしたり
するデータベースも存在します。こういったデータベースとしては MongoDB や Redis などが広
く用いられています。

　ウェブサービスに求められるものは、ユーザー数やユースケースによって大きく異なります。多
数の消費者が絶えず訪問し続けるウェブサイトであれば速度が重視されますし、業務用システム
として関係者だけが使うウェブサイトであれば堅牢さが重要です。システムの用途に応じて適切
なデータベースを選択できるようになるとよいでしょう。

TODO アプリを完成させよう

タスクの一覧を SELECT クエリを使って表示するようにできました。TODO アプリとして機能させるには、タスクの追加および削除ができるようにする必要があります。

POST リクエスト

ブラウザで http://127.0.0.1/hello にアクセスすると **#[get("/hello")]** でひも付けた関数が呼ばれます。ブラウザのアドレスバーに打ち込んでアクセスするとき、ブラウザは "HTTPの GET リクエスト" というものをサーバーに送り、サーバーはそれに対してレスポンスを返します。ですので、先ほどの状況は、GET リクエストが /hello に送られたときに関数が呼ばれる、と言えます。

ブラウザがサーバーに送ることができるリクエストは GET のほかに、POST、PATCH、DELETE など、さまざまな種類があります。今回は GET リクエストのほかに、POST リクエストを使います。

GET リクエストは、コンテンツをサーバーに要求するために用いられます。「ブラウザで /hello にアクセスする」というのは「サーバーに /hello のコンテンツを要求する」ということでもあります。

GET リクエストでは、要求することはできますが、それ以上の情報を含めることができません。今回のアプリでは「タスク一覧の内容を要求する」ことはできますが、「指定した名前のタスクを追加する」「タスクを削除する」といったことはできません。

そこで、POST リクエストを使ってこれらの処理をサーバーにリクエストします。POST リクエストは GET リクエストと異なり、追加の情報を持たせることができます。

10-2 TODO アプリを作ろう 371

POST リクエストを送るボタンを設置する

HTML を更新して、タスクを追加する POST リクエストを送れるようにします。

<form> タグの中に **<button type="submit" ...>** の形でボタンを設置することで、ボタンをクリックしたときに POST リクエストを送ることができるようになります。具体的には次のようになります。

```
<form action="/update" method="post">
  <ul>
    {% for task in tasks %}
    <li>
      {{ task }}<button type="submit" name="id" value="{{ task }}">Done</
button>
    </li>
    {% endfor %}
  </ul>
</form>
```

このように書くことで **name="id" value="タスク名"** を持つ POST リクエストを **/update** に対して送ることができます。これを先ほどの **todo.html** に組み込むと、次のように書けます。

```
<html>
  <head>
    <title>TODO</title>
  </head>

  <body>
    <form action="/update" method="post">
      <ul>
        {% for task in tasks %}
        <li>
```

372　　　第10章　かんたんなウェブアプリを作れるようになろう［TODOアプリ］

```
      {{ task }}<button type="submit" name="id" value="{{ task }}">
        Done
      </button>
    </li>
    {% endfor %}
   </ul>
  </form>
 </body>
</html>
```

POST リクエストを受け取る

POST リクエストを受け取る部分を Rust で実装しましょう。GET リクエストを受け取る際には **#[get(...)]** を使っていましたが、POST リクエストを受け取る際には **#[post(...)]** を使います。**/update** で POST リクエストを受け取る関数は、GET リクエストを受け取る関数をベースに書くと、次のように書けます。

```
#[post("/update")]
async fn update(pool: web::Data<SqlitePool>) -> HttpResponse {
  ...
}
```

POST リクエストでは、リクエストの中に情報を詰めることができます。これを有効にするために **serde** という crate をインストールしておきましょう。

```
[dependencies]
serde = { version = "1.0", features = ["derive"] }
```

これを使って、**id** という名前で文字列を渡すような POST リクエストを受け取る関数は、次のように書けます。

```
#[derive(serde::Deserialize)]
```

10-2　TODO アプリを作ろう　　373

```
struct Task {
    id: String,
}


#[post("/update")]
async fn update(pool: web::Data<SqlitePool>, form: web::Form<Task>) ->
HttpResponse {
  ...
}
```

　Form の中に受け取りたい構造体を入れることで、POST リクエストで受け取ることができます。また、受け取りたい構造体は **serde::Deserialize** を **derive** しておく必要があります。**Form** は **into_inner()** という関数を持っていて、これで中身を取り出すことができます。

　試しに、POST リクエストを受け取ると、受け取った id を出力して panic するように実装してみましょう。

```
#[derive(serde::Deserialize)]
struct Task {
    id: String,
}


#[post("/update")]
async fn update(pool: web::Data<SqlitePool>, form: web::Form<Task>) ->
HttpResponse {
    let task = form.into_inner();
    panic!("タスク名: {}", task.id);
}
```

　これでウェブアプリを再起動して Done ボタンを押してみましょう。panic によって処理が中断され、エラーメッセージが表示されるはずですが、その中にタスク名が表示されているはずです。

タスクの削除を実装する

先ほどの関数の中身を実装して、送られてきたタスク名のタスクをデータベースから削除するようにします。taskの値を指定してデータベースから削除するSQLクエリは、次のように書けます。tasksというテーブルの中から、task = "**タスク名**"を満たすレコードを削除するという意味になります。

```
DELETE FROM tasks WHERE task = "タスク名"
```

ここで、タスク名には固定の値ではなく、ユーザーから送られてきた値を指定したいです。SQLiteでは最初にクエリを書いておき、後から値を埋めたい部分は **?** で指定しておくことができます。

よってクエリは次のようになります。

```
DELETE FROM tasks WHERE task = ?
```

これを sqlx で実装し、送られてきた task の id を入れて実行するコードは次のようになります。

```rust
#[post("/update")]
async fn update(pool: web::Data<SqlitePool>, form: web::Form<Task>) ->
HttpResponse {
    let task = form.into_inner();
    sqlx::query("DELETE FROM tasks WHERE task = ?")
        .bind(&task.id)
        .execute(pool.as_ref())
        .await
        .unwrap();
    HttpResponse::Ok().finish()
}
```

10-2 TODO アプリを作ろう　　375

これでウェブアプリを再起動して、また Done ボタンをクリックしてみましょう。いったん何もない /update に飛ばされますが、もう一度 / に戻ると、Done を押したタスクが消えているはずです。

タスクの作成を実装する

タスクを削除できるようになったので、作成もできるようにしましょう。todo.html を次のように更新し、タスクを作成するためのテキストボックスを表示しましょう。

```html
<html>
  <head>
    <title>TODO</title>
  </head>

  <body>
    <form action="/update" method="post">
      <ul>
        {% for task in tasks %}
        <li>
          {{ task }}<button type="submit" name="id" value="{{ task }}">
            Done
          </button>
        </li>
        {% endfor %}
      </ul>

      <input type="text" name="task" />
      <button type="submit">作成</button>
    </form>
  </body>
</html>
```

376　　第10章　かんたんなウェブアプリを作れるようになろう［TODOアプリ］

ウェブアプリを再起動して、テキストボックスが表示されていることを確認しましょう。

テキストを入力して、「作成」ボタンを押してみましょう。次のようなメッセージがブラウザに表示されるはずです。

```
Parse error: missing field `id`.
```

これは、送られてきた POST リクエストから **Task** を読み込もうとしたものの、**id** という **String** のフィールドがリクエストの中に存在しなかったというエラーです。

テンプレートの中身を見てみましょう。タスクを削除するボタンは次のようになっています。

```
<button type="submit" name="id" value="{{ task }}">Done</button>
```

このボタンを押すと、id という名前で **"{{ task }}"** としてタスク名を送ります。一方で、作成に関する部分は次のようになっています。

```
<input type="text" name="task" />
<button type="submit">作成</button>
```

このボタンを押すと、task という名前でテキストボックスに入力された内容を送ります。
整理すると、次のような2通りの POST リクエストが送られることになります。

- **id** という名前で、タスク名を送信する。
- **task** という名前で、入力されたテキストを送信する。

よって、id のみが送られてきたときと task のみが送られてきたときの両方に対応するために、**Task** を次のように書き換えます。

```
#[derive(serde::Deserialize)]
struct Task {
    id: Option<String>,
```

10-2　TODO アプリを作ろう　　**377**

```
    task: Option<String>,
}
```

また、id が送られてきたときのみタスクを削除するように、**update** を次のように書き換えます。

```
#[post("/update")]
async fn update(pool: web::Data<SqlitePool>, form: web::Form<Task>) ->
HttpResponse {
    let task = form.into_inner();

    match task.id {
        Some(id) => {
            sqlx::query("DELETE FROM tasks WHERE task = ?")
                .bind(id)
                .execute(pool.as_ref())
                .await
                .unwrap();
        }
        None => {}
    }

    HttpResponse::Ok().finish()
}
```

次に、タスクを作成できるように更新していきます。テーブルに新しいレコードを追加する SQL クエリは次のように書けます。

```
INSERT INTO tasks (task) VALUES (?)
```

これを使って、task が送られてきたときのみタスクを作成するように **update** を書き換えます。

```rust
#[post("/update")]
async fn update(pool: web::Data<SqlitePool>, form: web::Form<Task>) ->
HttpResponse {
    let task = form.into_inner();

    if let Some(id) = task.id {
        sqlx::query("DELETE FROM tasks WHERE task = ?")
            .bind(id)
            .execute(pool.as_ref())
            .await
            .unwrap()
    }
    match task.task {
        Some(task) => {
            sqlx::query("INSERT INTO tasks (task) VALUES (?)")
                .bind(task)
                .execute(pool.as_ref())
                .await
                .unwrap();
        }
        None => {}
    }

    HttpResponse::Ok().finish()
}
```

なお、**if let Some(id) = task.id** は、Option型である task.id に値がある場合のみ実行する、という if文の記法です。この記法は、Option型だけでなく Result型をはじめとする列挙体で使うことが可能です。

ウェブアプリを再起動し、テキストボックスにタスク名を入力して、作成ボタンを押してみましょう。ブラウザから正しくタスクが追加されていることが確認できます。

ここで、Done のボタンを押してみましょう。正しくタスクが削除されますが、空文字列の新しいタスクも追加されてしまっていることが確認できるでしょう。これは、Done のボタンを押したときもテキストボックスの内容が送られてしまい、タスクを削除した後に task が **Some("")** であるため、INSERT クエリが実行されていることによるものです。

これを回避するために、task が空文字列でないときのみ INSERT クエリを実行するように書き換えます。

```
#[post("/update")]
async fn update(pool: web::Data<SqlitePool>, form: web::Form<Task>) ->
HttpResponse {
    let task = form.into_inner();

    if let Some(id) = task.id {
        sqlx::query("DELETE FROM tasks WHERE task = ?")
            .bind(id)
            .execute(pool.as_ref())
            .await
            .unwrap()
    }
    match task.task {
        Some(task) if !task.is_empty() => {
            sqlx::query("INSERT INTO tasks (task) VALUES (?)")
                .bind(task)
                .execute(pool.as_ref())
```

第10章　かんたんなウェブアプリを作れるようになろう［TODOアプリ］

```
            .await
            .unwrap();
    }
    _ => {}
  }

  HttpResponse::Ok().finish()
}
```

これで Done ボタンを押しても空のタスクが追加されないようになりました。

トップページに戻すようにする

タスクの作成や削除を行うと、何も表示しない **/update** に飛ばされてしまい、ユーザーが手動でトップページに戻る必要があります。これを修正して、**/update** に来たユーザーを自動的に **/** に移動させるようにします。

これは **/update** の最後の部分を次のように書き換えることで実現できます。

```
HttpResponse::Found()
    .append_header(("Location", "/"))
    .finish()
```

まとめ

ここまでをすべてまとめると、次のようなコードになります。

```rust
use actix_web::{get, post, web, App, HttpResponse, HttpServer};
use askama::Template;
use askama_actix::TemplateToResponse;
use sqlx::{Row, SqlitePool};

#[derive(Template)]
#[template(path = "hello.html")]
struct HelloTemplate {
    name: String,
}
#[get("/hello/{name}")]
async fn hello(name: web::Path<String>) -> HttpResponse {
    let hello = HelloTemplate {
        name: name.into_inner(),
    };
    hello.to_response()
}


#[derive(Template)]
#[template(path = "todo.html")]
struct TodoTemplate {
    tasks: Vec<String>,
}
#[get("/")]
async fn todo(pool: web::Data<SqlitePool>) -> HttpResponse {
    let rows = sqlx::query("SELECT task FROM tasks;")
        .fetch_all(pool.as_ref())
        .await
        .unwrap();
```

```rust
    let tasks: Vec<String> = rows
        .iter()
        .map(|row| row.get::<String, _>("task"))
        .collect();
    let todo = TodoTemplate { tasks };
    todo.to_response()
}


#[derive(serde::Deserialize)]
struct Task {
    id: Option<String>,
    task: Option<String>,
}


#[post("/update")]
async fn update(pool: web::Data<SqlitePool>, form: web::Form<Task>) ->
HttpResponse {
    let task = form.into_inner();

    match task.id {
        Some(id) => {
            sqlx::query("DELETE FROM tasks WHERE task = ?")
                .bind(id)
                .execute(pool.as_ref())
                .await
                .unwrap();
        }
        None => {}
    }
    match task.task {
        Some(task) if task != "" => {
            sqlx::query("INSERT INTO tasks (task) VALUES (?)")
```

```rust
                .bind(task)
                .execute(pool.as_ref())
                .await
                .unwrap();
        }
        _ => {}
    }


    HttpResponse::Found()
        .append_header(("Location", "/"))
        .finish()
}


#[actix_web::main]
async fn main() -> std::io::Result<()> {
    let pool = SqlitePool::connect("sqlite::memory:").await.unwrap();
    sqlx::query("CREATE TABLE tasks (task TEXT)")
        .execute(&pool)
        .await
        .unwrap();


    sqlx::query("INSERT INTO tasks (task) VALUES ('タスク1')")
        .execute(&pool)
        .await
        .unwrap();
    sqlx::query("INSERT INTO tasks (task) VALUES ('タスク2')")
        .execute(&pool)
        .await
        .unwrap();
    sqlx::query("INSERT INTO tasks (task) VALUES ('タスク3')")
        .execute(&pool)
        .await
```

```
        .unwrap();

    HttpServer::new(move || {
        App::new()
            .service(hello)
            .service(update)
            .service(todo)
            .app_data(web::Data::new(pool.clone()))
    })
    .bind(("127.0.0.1", 8080))?
    .run()
    .await
}
```

本章では次のようなことを学びました。

- ブラウザからリクエストを受け取って処理する方法
- データベースとウェブアプリを接続する方法
- 処理した結果をデータベースに保存する方法

これらは実際のウェブアプリ開発の現場でも用いられている方法です。今回作成したアプリ
でも、より多くの情報をデータベースに保存するにはどうすればよいか、よりさまざまなリク
エストを受け取るにはどうすればよいかなど、工夫の余地はたくさんあります。ぜひ自分が
作成したアプリを磨き上げて、実戦的な技術を身につけてください。

第11章

自作ウェブアプリを公開しよう
[TODO アプリの公開]

第10章では、actix-webを用いてウェブアプリケーションを作りました。しかし、cargo runで実行している間、かつ自分のPCでしか見ることができません。世界中で動いているウェブアプリケーションは誰でも見られる場所で実行されています。

本章では、自分が作ったウェブアプリケーションを世界中に公開するまでの流れを学んでいきます。

第11章
Flow Chart

TODOアプリを公開するまで

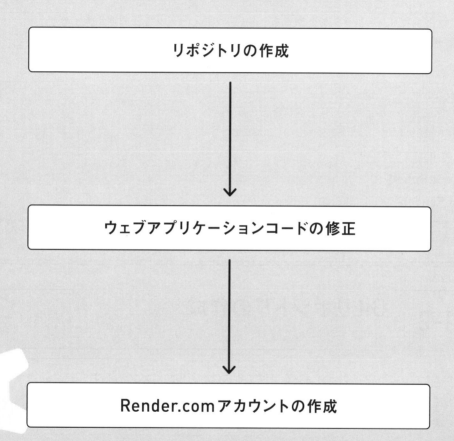

SECTION 11-1 事前準備

ウェブアプリケーションを公開するにあたっていくつか必要な前提知識があります。
まずはそれらを学び、本章の最後にそれらを駆使してウェブアプリケーションを公開していきます。

今回使うツールとサービスを次にまとめます。

- Git
- GitHub
- Render

SECTION 11-2 Gitリポジトリの作成

作ったウェブアプリケーションを公開するには、あらかじめソースコードを GitHub に同期しておくと便利です。第7章で新しいリポジトリの作成と公開まで行いましたが、ここでは設定できる項目が少ない代わりにより簡単にリポジトリを作成できる方法を紹介します。

https://github.com を開くと右上に**+**ボタンがあるのでクリックし、**New repository**をクリックします。

リポジトリの名前を入力します。ここでは、**rust-web-app** と入力しましょう。

Create repositoryをクリックします。

これでリモートリポジトリが作成されました。

次に、第10章で書いたソースコードがあるディレクトリに移動します。

```
$ cd <ディレクトリに移動>
$ git init
$ git add .
$ git commit -m "initial commit"
$ git branch -M main
$ git remote add origin https://github.com/<自分のユーザー名>/rust-web-app.git
$ git push -u origin main
```

1行ずつ実行してください。

次に、第10章で書いた**main.rs**を開いてください。

```
#[actix_web::main]
async fn main() -> std::io::Result<()> {
    HttpServer::new(|| App::new().service(hello))
```

```
        .bind(("127.0.0.1", 8080))?
        .run()
        .await
}
```

　今回、後述するRenderでウェブアプリケーションを公開するためには、bindメソッドの引数を変更する必要があります。

```
#[actix_web::main]
async fn main() -> std::io::Result<()> {
    HttpServer::new(|| App::new().service(hello))
        .bind(("0.0.0.0", 10000))? // この行を変更する
        .run()
        .await
}
```

　変更をリモートリポジトリにpushします。

```
git add .
git commit -m "change port number"
git push -u origin main
```

SECTION 11-3 render.comの登録

render.com とは、作成したウェブアプリケーションを簡単に公開することができるサービスです。また、小規模であれば無料で公開することができるため、勉強するときにとても便利です。

https://render.com/ にアクセスし、アカウント作成をします。

GitHubを選びアカウント登録を進めます。

https://dashboard.render.com/ にアクセスし、ダッシュボードを開きます。

Newをクリックします。
Web Serviceをクリックします。

選択肢を変更せずに **Next** をクリックします。

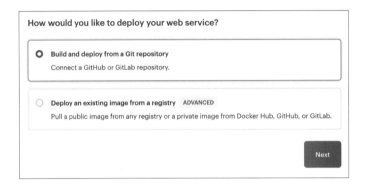

先ほど作った **rust-web-app** の右にある **Connect** をクリックします。

スクロールし、**Runtime** を **Rust** に変更します。

さらにスクロールし、**Instance Type** が **Free** になっていることを確認します。

最後に、**Create Web Service** をクリックします。

しばらくすると、上部にあるURLから自分が作ったウェブサービスを見ることができます。

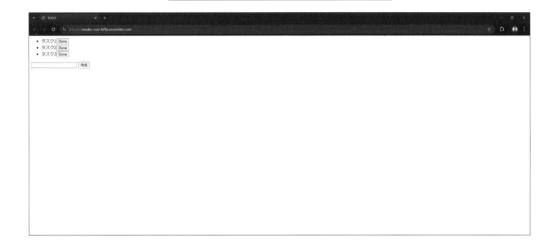

> **COLUMN　さまざまなクラウドサービス**
>
> 　今回はrender.comを使ってウェブアプリケーションの公開を行いました。小規模なシステムであれば無料ですが、規模が大きくなると有料プランへの移行や、その他のクラウドサービスを使うことを検討します。
>
> 　その他のクラウドサービスとしては、以下のようなものが有名です。
>
> ・Amazon Web Services
> ・Google Cloud Platform
> ・Microsoft Azure
>
> 　これらのクラウドサービスは、ウェブアプリケーションの公開に必要な機能だけでなく、データ分析や機械学習、エディタなどの開発環境まで、幅広いサービスを提供しています。多くのソフトウェア開発企業では、これらのクラウドサービスを利用して開発を効率化しています。これらのサービスでは、一定の範囲内で無料で利用できるものもあります。この機会にぜひ試してみてください。

第12章

並列処理を
扱えるようになろう
［画像処理ツール］

バックエンドエンジニアとして、プログラムの動作を高速化したくなることがよくあります。それは例えば、夜のメンテナンス時間を短くするためだったり、大量のサービスアクセスに耐えられるようにしたりするためだったりします。

本章では、プログラムの高速化のための手段の一つとして、画像サムネイル作成ツールを作成しながら、並列処理、並行処理について学びます。

第12章 Flow Chart

画像処理ツールができるまで

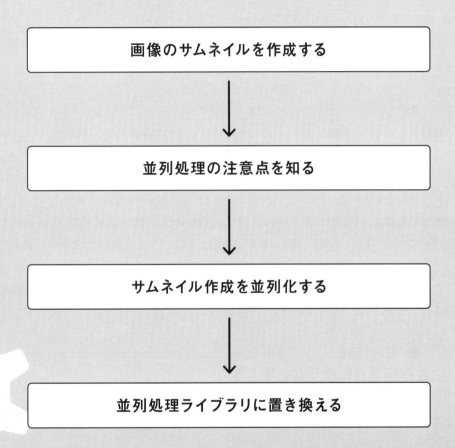

SECTION 12-1 サムネイル作成ツールを作ろう

　第1章で触れたとおり、Rustは実行速度の速いプログラミング言語と言われています。しかし、当然ながらどんな重い処理でも一瞬で終わるわけではなく、重い処理をより速く実行できるようにするには工夫が必要になります。

　また、実用的なウェブサーバーを構築するうえでは、クライアントからのリクエストを1つずつさばいていたのでは処理が追いつかなくなります。そのため、同時に複数のリクエストを処理できるようにすることが必要になります。

　これら「実行速度を速くする」ための並列処理と「同時に複数の処理を実行できるようにする」ための並行処理は、本来別の概念です。しかし、並列処理も「同時に複数の処理を実行することで実行速度を速くする」ため、両者は手段としてよく似ていて、しばしば混同されます。

　そこで本章では、画像サムネイル作成ツールを並列処理して高速化しながら、並列処理・並行処理を行うにあたって考慮する必要のある代表的な問題について触れたいと思います。

非並列版のプログラムを作ろう

　まずは、フォルダ内にあるすべての画像のサムネイルを作成するコマンドラインツールを、一切並列化しないで作成しましょう。

　Rustで画像ファイルを簡単に扱うには、**image**というcrateが便利です。コマンドラインツールを作成するので、新しくプロジェクトを作成したら第6章で登場した**clap**と併せて追加しましょう。

```
$ cargo new thumbnail-tool
$ cargo add image
$ cargo add clap --features derive
```

image crate の **DynamicImage** には、画像ファイルの読み込みや保存、リサイズ、サムネイル化といった機能があります。本格的な画像処理には物足りませんが、そのかわり気軽に使うことができます。

並列処理を考えずにサムネイル作成ツールを作成すると、このようになります。

```rust
use std::{
    fs::{create_dir_all, read_dir},
    path::PathBuf,
};
use clap::Parser;

#[derive(Parser)]
struct Args {
    /// サムネイル化する元画像が入っているフォルダ
    input: PathBuf,
    /// サムネイルにした画像を保存するフォルダ
    output: PathBuf,
}

fn main() {
    let args = Args::parse();

    // 出力先フォルダの作成
    create_dir_all(&args.output).unwrap();

    let mut processed_count = 0;
    for item in read_dir(&args.input).unwrap() {
        let item = item.unwrap();
        let input_path = item.path();
        if input_path.is_dir() {
            // フォルダは処理しない
```

12-1　サムネイル作成ツールを作ろう　　397

```
            continue;
        }

        let img = image::open(&input_path); // 画像ファイルの読み込み
        if let Ok(img) = img {
            let thumbnail = img.thumbnail(64, 64);  // サムネイル化
            let output_path = args.output.join(
                input_path.file_name().unwrap()
            );
            thumbnail.save(output_path).unwrap(); // ファイル保存
            processed_count += 1;

        }
    }

    println!("Processed {} images", processed_count);
}
```

read_dir 関数は、フォルダ内にあるファイルとフォルダをすべて列挙する関数です。フォルダは画像ファイルではないので、フォルダを弾き忘れないよう注意しましょう。

image::open 以降がサムネイル作成の本体です。image::open 関数で画像ファイルを開いています。この関数は Result<DynamicImage, ImageError> 型を返します。つづいて、DynamicImage 型の thumbnail メソッドでサムネイル画像のデータを作成し、その後ファイルを保存しています。

main 関数の先頭では、create_dir_all 関数を使って出力先フォルダを作成しています。Rust でファイルを作成するとき、ファイルを保存するフォルダまでは一緒に作られないため、ファイルを保存するフォルダをあらかじめ作っておかないと実行時にエラーになってしまいます。

最後の行で、画像ファイルを何枚処理したか出力しています。

それでは実行してみましょう。手元に画像ファイルがたくさん（数千枚以上）ある場合はそれを使っても構いませんし、ない場合は機械学習向け画像データセットを使っても構いません[※1]。今回は、Open Images Dataset の validation 用データを使うことにしました。

まったく同じデータを使って動作を検証したい場合は、次の手順でダウンロードできます。このデータセットに含まれる画像データは全部で約 12GB あるため、データ容量には注意してください。

1. https://aws.amazon.com/jp/cli/ に書かれている手順に従って、AWS CLI をインストール
2. Windows ではコマンドプロンプト、Mac ではターミナルを開き、次のコマンドを実行してダウンロード

```
aws s3 --no-sign-request sync s3://open-images-dataset/validation
```

※1 Apple 社の iPhone や iPad で撮影した画像の場合、image crate の対応していないファイルフォーマットで保存されていることがあります。

12-1　サムネイル作成ツールを作ろう

プログラムの実行時間を計測するには、**time** コマンドを使うと便利です。このコマンドは、引数で指定したコマンドを実行し、コマンドの開始から終了まで要した時間を出力してくれます。

```
$ cargo build --release
$ time ./target/release/thumbnail input output
# => Processed 41620 images
# => ./target/release/thumbnail input output  415.67s user 65.20s system
120% cpu 6:40.01 total
```

最後の1行が **time** コマンドによるものです。4つ数字が並んでいますが、注目するべきは最後の **total** の前にある **6:40.01** です。これはコマンドの実行に6分40.01秒、すなわち約400秒かかったことを表しています。なお、コマンドの実行時間は入力データ量やコンピュータのスペックによって大きく変わるため、この数字はあくまで参考値であることに注意してください。

それでは、このプログラムを並列処理で高速化していきましょう。

COLUMN　プログラムの直接実行

　上記の実行例では、**time** コマンドでプログラムを実行する前に1回ビルドしています。これは **time** コマンドがコマンドの内容に関係なくコマンドの開始から終了までの時間を出力するためです。要するに、プログラムのコンパイルに要する時間を計測から除外するためです。

　これまで **cargo run** でプログラムのビルドと実行を同時に行うことが多かったですが、ビルドと実行は別々に行うことも実は可能です。

　cargo build でビルドすると、**Cargo.toml** と同じ階層にある **target** フォルダの中にある **debug** フォルダに、プロジェクト名と同じ名前の実行可能ファイルができます。今回は **thumbnail** という名前でプロジェクトを作成したため、**./target/debug/thumbnail** でビルド済みの実行可能ファイルを実行できます。

　実行例で示した **cargo build --release** は、最適化を有効にしてビルドするコマンドです。最適化を有効にしたビルドのことをリリースビルド、無効にしたビルドのことをデバッグビルドといいます。リリースビルドすると、ほとんどのケースで実行速度が速くなり、消費メモリ量や実行可能ファ

イルのサイズが減少します。

なお、ビルド済みの実行可能ファイルを直接実行する場合、ソースコードを編集したとしてもビルドは一切行われません。そのため、実行前に cargo build あるいは cargo build --release し忘れないように注意してください。

COLUMN　**一喜一憂は禁物**

プログラムの実行時間は、コンピュータ上で同時に立ち上がっているほかのプログラムの影響を受けます。例えば、時間のかかるプログラムを実行していると暇つぶしにブラウザで動画を見たりSNSをチェックしたりしたくなるものですが、これらによる負荷も実行時間に影響を与える要因の一つです。

現代のコンピュータでは裏側で動作するプログラムの影響を完全に排除するのは難しく、どうしてもプログラムの実行時間にはばらつきが発生します。

そのため、プログラムの高速化にあたっては、プログラムを1回実行して得られた時間だけで判断して一喜一憂するのではなく、何回か（例えば10回）実行した平均値などで判断するようにしましょう。

SECTION 12-2 並列処理入門

並列処理で処理を高速化する前に、並列処理や並行処理を行ううえでどのような問題を考慮する必要があるのか、簡単な例で見ていきましょう。

1を10億回足そう

一般のプログラミング言語で並列処理や並行処理を実装すると、とても"不可解な"ことが起こることがよくあります。Rustは安全性の高い言語設計になっているため不可解なことを起こすには一工夫必要ですが、Rustに備わっている安全装置を無理やり解除してしまえば可能です。

前節のサムネイル作成処理では不可解なことが発生してもわかりにくいため、もっと単純な例として、1を10億回足す処理で確かめてみましょう。

まずは並列処理も並行処理もしない、今まで通りの実装で実行してみます。なお、前節のプログラムとは区別するため、**parallel-add** という新しいプロジェクトを作成しています。

```
fn main() {
    let mut counter = 0;
    for _ in 0..10_0000_0000 {
        counter += 1;
    }
    println!("counter = {counter}");
}
```

第2章の Hello, world! に次ぐシンプルなプログラムです。3行目の **10_0000_0000** は、大きい数がわかりやすいように4桁ごとに桁区切りを入れています。Rustでは、_ で定数に自由に桁区切りを入れられます。

さて、このプログラムをデバッグビルドして実行します。リリースビルドしてしまうと最適化の結果 for ループが消滅して単に counter = 1000000000 と表示するだけのプログラムになってしまい、検証にならないので注意しましょう。

実行するとこのようになります。

```
$ cargo build
$ time ./target/debug/parallel-add
counter = 1000000000
./target/debug/parallel-add  3.48s user 0.00s system 84% cpu 4.131 total
```

1を10億回足したので、counter の値は当然10億になっています。今のところ不可解なことは発生していません。

不可解な足し算

それでは、いよいよ並列処理によって引き起こされる不可解な結果を見てみましょう。

並列処理の原始的な方法として、**スレッド**（thread）を複数立てて行う方法があります。スレッドとはコンピュータにおける並列処理を行う単位の一つで、これと対をなす概念として**プロセス**（process）があります。

12-2　並列処理入門　　403

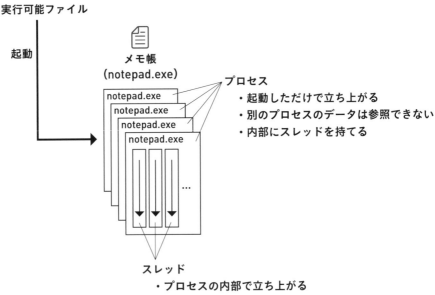

　プロセスは実行中のプログラムそのものです。コマンドラインから1回プログラムを実行するごとに1つプロセスが作られますし、それだけでなくデスクトップでアプリケーションアイコンをダブルクリックしてもプロセスが作られます。同じプログラムを同時に立ち上げればそれと同数のプロセスが作られます。

　複数のプロセスを同時に立ち上げることによってでも並列処理は可能です。しかし、プロセスの立ち上げはやや重い処理であるため、多くのプロセスを頻繁に立ち上げる用途には向きません。また、プロセスどうし直接データを読み書きすることもできません[※2]。

　そこで、プロセスの内部に立ち上げる並列処理の単位として、スレッドが使われます。スレッドはプロセスよりも立ち上げが軽量で、スレッド間でデータの共有もできます。ただし、プロセスを複数本立てるマルチプロセスではなくスレッドを複数本立てるマルチスレッドをいつも選べばよいかというとそうではなく、アクセス可能なデータの範囲を意図的に区切るため、あるいは

※2　プロセスどうしの通信には、一般的にはパイプと呼ばれる仕組みを使うことになります。第3章で登場した標準入力や標準出力は、実はパイプの一つです。

耐障害性の向上のためなど、さまざまな目的で両者を併用することが多いです。

　スレッドを立ち上げるには、標準ライブラリの **std::thread::spawn** 関数を使います。まずは4つのスレッドで1を2.5億回ずつ足してみましょう。

```rust
use std::thread;

static mut COUNTER: i32 = 0;

fn main() {
    let mut handles = vec![];
    for _ in 0..4 {
        handles.push(thread::spawn(|| {
            for _ in 0..2_5000_0000 {
                unsafe {
                    COUNTER += 1;
                }
            }
        }));
    }
    for handle in handles {
        handle.join().unwrap();
    }
    println!("counter = {}", unsafe { COUNTER })
}
```

　スレッドを立ち上げているのは8行目以降です。**thread::spawn** 関数は引数として渡されたクロージャを実行するスレッドを新たに立ち上げ、そのスレッドを管理するためのハンドルを戻り値として返します。そのハンドルを **handles** 配列に追加し、最後にスレッドの終了を待っています。

12-2　並列処理入門　　405

なお、main 関数の外側に static mut COUNTER: i32 = 0; という見慣れない文があります。これはスタティック変数という、プログラムの実行中はどこからでもアクセスできる変数の宣言です。不変なスタティック変数の場合、今から見る不可解な現象が発生しないため普通の変数のように値を読むことができます。しかし、可変なスタティック変数の場合は不可解な現象が発生する場合があるため、unsafe { } で囲って、Rust に備わった安全装置を外す必要があります。

COLUMN   Unsafe Rust へようこそ

　unsafe ブロックによりどんな安全装置でも解除できるわけではありません。 unsafe ブロックは「私はコンパイラよりも賢いので、この操作がたとえ危険に見えたとしても実際には安全であることを知っています。だから危険な操作を一部許可してください。」ということを意味します。

　そのため、コンパイラが賢くなると今までコンパイルできていたコードがコンパイルできなくなることがあります。実際、本節で書いたコードのうち static mut の部分は Rust の 2021 エディションではコンパイルできますが、2024 エディションではコンパイルできなくなる予定です。

　このような壁もあるので、unsafe ブロックを本格的に使うのはあなたがコンパイラよりも賢くなってから、具体的には初心者を脱してメモリモデルへの理解が深まってからにしましょう。

さて、このプログラムを実行するとどうなるでしょうか？

```
$ cargo build
$ time ./target/debug/parallel-add
counter = 253989018
./target/debug/parallel-add  5.97s user 0.01s system 301% cpu 1.982 total
```

　なんということでしょう！　4スレッドで分担して2.5億回ずつ合計10億回1を足したはずなのに、出てきたのはそれよりもはるかに小さい値になりました。しかも、プログラムを繰り返し実行するごとに counter の値が変わります。不可解なこととは、「書いたとおりに変数の値が読み書きされない」ことなのでした。

排他制御で安全にデータ同期

　不可解な現象が発生してしまっては困ります。この不可解な現象が発生したのは **unsafe** ブロックで Rust の安全装置を解除したからです。そこで、2カ所ある **unsafe** ブロックを外してみましょう。すると、このようなコンパイルエラーが出ます。

```
$ cargo build
error[E0133]: use of mutable static is unsafe and requires unsafe
function or block
  --> src/main.rs:10:17
   |
10 |             COUNTER += 1;
   |             ^^^^^^^^^^^^ use of mutable static
   |
   = note: mutable statics can be mutated by multiple threads: aliasing
violations or data races will cause undefined behavior
error[E0133]: use of mutable static is unsafe and requires unsafe
function or block
  --> src/main.rs:17:30
   |
17 |     println!("counter = {}", COUNTER)
   |                              ^^^^^^^ use of mutable static
   |
   = note: mutable statics can be mutated by multiple threads: aliasing
violations or data races will cause undefined behavior
   = note: this error originates in the macro `$crate::format_args_nl`
which comes from the expansion of the macro `println` (in Nightly builds,
run with -Z macro-backtrace for more info)
For more information about this error, try `rustc --explain E0133`.
error: could not compile `parallel-add` (bin "parallel-add") due to 2
previous errors
```

第12章

12-2　並列処理入門　　　407

2つコンパイルエラーが出ていますが、どちらも同じ内容です。日本語にするとこのようになります。

> error[E0133]: 可変なスタティック変数は安全でないので、unsafe関数かunsafeブロックが必要です。
>
> （中略）
>
> = note: 可変なスタティック変数は、複数スレッドから変更される場合があります。
>   エイリアシング違反(aliasing violation)や競合状態(race condition)は未定義動作を引き起こします。

note に書いてあるとおり複数スレッドから counter の値を変更したことで見事に最終的な値が狂ったわけですが、この裏で発生していたのは**競合状態** (race condition) です。

競合状態とは、1つの処理だけ見ると正しく動作するように見えても、複数の処理が同時に走るとどれかの処理の結果が使われるか変わるなどして最終的な処理結果が変わる状態を言います。

今回のプログラムでいうと、**COUNTER += 1;** という処理は Rust のコード上はこれ以上分けられない処理に見えます。しかし、コンピュータ上で動作する際は実はこのようなステップを踏むことになります。

1. メモリから値を読み取る
2. 読み取った値に1を足す
3. 足した結果をメモリに書き込む

問題は値を読み取ってから書き込むまでに時間差があることです。

例えば **COUNTER** の値が100の状態から始めたとすると、2つのスレッドが運良く次のように値を読み取ってから書き込むまでの間にほかのどのスレッドもメモリから値を読み取らなければ値は正しくなります。

1. スレッドAがメモリから値を読み取る (=100)
2. スレッドAが読み取った値に1を足す (=101)
3. スレッドAが足した結果をメモリに書き込む (=101)
4. スレッドBがメモリから値を読み取る (=101)
5. スレッドBが読み取った値に1を足す (=102)
6. スレッドBが足した結果をメモリに書き込む (=102)

しかし、次のようにスレッドAがメモリに書き込む前に古い値を読まれてしまうと、古い値を使った計算の結果でメモリが上書きされてしまいます。

1. スレッドAがメモリから値を読み取る (=100)
2. スレッドAが読み取った値に1を足す (=101)
3. スレッドBがメモリから値を読み取る (=100)
4. スレッドBが読み取った値に1を足す (=101)
5. スレッドAが足した結果をメモリに書き込む (=101)
6. スレッドBが足した結果をメモリに書き込む (=101)

これが4スレッドで発生していたので、最終的な COUNTER の値が10億よりも格段に小さくなってしまったのでした。

これを修正するにはどうすればいいかというと、メモリから値を読んでから書き込むまでの間にほかのスレッドがメモリから値を読まないようにすればよいです。このように、ある特定の処理が同時に複数の場所で走らないようにブロックすることを、**排他制御**といいます。

排他制御を実現するために使われるメカニズムにはいくつか種類がありますが、その中でも基本的なのは**ミューテックス**（Mutex）です。ミューテックスは、ロックを獲得してから解放するまでの間、ほかのスレッドがロックを獲得できなくする仕組みです。同時に複数の場所で実行されると困る処理の前後でミューテックスのロック獲得と解放をすると、ロックの解放までほかのスレッドが待たされる格好になるため排他制御が実現できます。

第12章

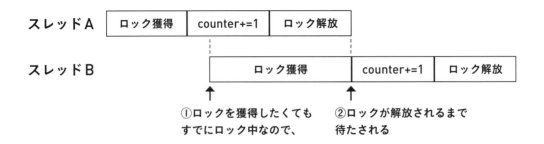

それでは、Rustでのミューテックスの使い方を、4スレッドで1を2.5億回ずつ足す例で見てみましょう。

```rust
use std::{
    sync::{Arc, Mutex},
    thread,
};

fn main() {
    let counter = Arc::new(Mutex::new(0));
    let mut handles = vec![];
    for _ in 0..4 {
        let counter = counter.clone();
        handles.push(thread::spawn(move || {
            for _ in 0..2_5000_0000 {
                let mut writer = counter.lock().unwrap();
                *writer += 1;
            }
        }));
    }
    for handle in handles {
        handle.join().unwrap();
    }
    println!("counter = {}", counter.as_ref().lock().unwrap());
}
```

実行してみましょう。

```
$ cargo build
$ time ./target/debug/parallel-add
counter = 1000000000
./target/debug/parallel-add  447.53s user 59.35s system 366% cpu 2:18.12 total
```

無事 counter の値が 10 億ちょうどになりました。

コードの説明をすると、7 行目がミューテックスの宣言です。Rust でミューテックスを使うには、std::sync モジュールにある **Arc** 構造体と **Mutex** 構造体とを組み合わせて使います。**Arc** 構造体は Atomically Reference Counted の略で、複数の場所でオブジェクトの所有権を共有できるようにするための構造体です。また、Rust の **Mutex** 構造体は、ロックが解放されるまでほかのスレッドが処理をできないようにするのではなく、同時に 1 つのスレッドしか値を読み書きできないようにする、という設計になっています。そのため、**Mutex::new** の引数には、counter の値の初期値 0 を渡しています。

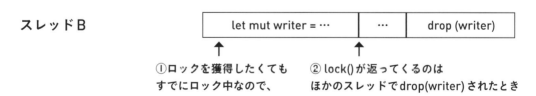

9 行目からの **for** ループですが、10 行目で **Arc** 型の値を複製してから、新しくつくるスレッドに渡しています。これは、**thread::spawn** 関数が、引数として渡すクロージャに、キャプチャする変数の所有権を持つよう要求しているためです。

13行目と14行目が排他制御したい本体の処理です。13行目の **counter.lock().unwrap()** で
ミューテックスのロックを確保しています。この式の戻り値は、ミューテックスで保護されてい
る値への参照です[※3]。値の読み書きはこの参照を通じて行います。スコープを抜けて参照が破棄
されると同時にミューテックスのロックが解放されます。

このようにミューテックスを使って適切にデータ同期することで、並列処理でも結果を正しい
まま維持することができます。

COLUMN   並列処理の腕の見せ所

正しい結果が得られるようになったので一件落着のように見えますが、まだ問題が残っています。
本節の冒頭で書いた、1を10億回足す非並列版の実装では4秒で終わっていましたが、ミューテッ
クスを使うようになったことで2分18秒 = 138秒へと34.5倍遅くなってしまっています。

たしかに並列処理はプログラムの実行を高速化するために行うものです。しかし、愚直に並列化
しただけではこのようにかえって実行が遅くなるケースもあります。そのようなときは、並列化の粒
度を工夫したりスレッド間の同期の少ないアルゴリズムに切り替えたりするなど、高度な工夫が要求
されることでしょう。

例えば今回の例でいうと、共通の変数に結果を毎回書き込むのではなく、スレッドごとに計算して
最後に結果を足し合わせる、という工夫が考えられます。これにより、スレッド数とほぼ同じ4倍の
速度が出るようになります。

```
use std::{
    sync::{Arc, Mutex},
    thread,
};
fn main() {
    let counter = Arc::new(Mutex::new(0));
    let mut handles = vec![];
    for _ in 0..4 {
        let counter = counter.clone();
        handles.push(thread::spawn(move || {
```

※3　正確には、**Deref**トレイトや**DerefMut**トレイトを実装した、参照と同様の操作ができるオブジェクトです。

```
            let mut local_counter = 0;
            for _ in 0..2_5000_0000 {
                local_counter += 1;
            }
            let mut writer = counter.lock().unwrap();
            *writer += local_counter;
        }));
    }
    for handle in handles {
        handle.join().unwrap();
    }
    println!("counter = {}", counter.as_ref().lock().unwrap());
}
```

SECTION 12-3 さまざまなデータ同期方法

サムネイル作成ツールの並列化

前節では1を10億回足す例を通じて、並列処理や並行処理を行ううえで注意するべき代表的な問題を解説しました。本章のテーマはサムネイル作成ツールの開発でしたので、前節で得られた知見を基にサムネイル作成ツールを並列化して高速化しましょう。

まずは前節のコラムと同様に、画像ファイルのリストを4分割して分担して処理してみましょう。

```
use std::{
    fs::{create_dir_all, read_dir},
    path::PathBuf,
    sync::{Arc, Mutex},
```

```rust
    thread,
};
use clap::Parser;

#[derive(Parser)]
struct Args {
    /// サムネイル化する元画像が入っているフォルダ
    input: PathBuf,
    /// サムネイルにした画像を保存するフォルダ
    output: PathBuf,
}

fn main() {
    let args = Args::parse();

    create_dir_all(&args.output).unwrap();

    let mut all_paths = vec![];
    for entry in read_dir(&args.input).unwrap() {
        let entry = entry.unwrap();
        let path = entry.path();
        if path.is_dir() {
            continue;
        }
        all_paths.push(path);
    }

    let processed_count = Arc::new(Mutex::new(0));
    let mut handles = vec![];
    for chunk in all_paths.chunks((all_paths.len() + 3) / 4) {
        let chunk = chunk.to_vec();
        let processed_count = processed_count.clone();
```

```
        let output = args.output.clone();
        handles.push(thread::spawn(move || {
            let mut local_count = 0;
            for path in chunk {
                let output_path = output.join(path.file_name().unwrap());
                let img = image::open(&path);
                if let Ok(img) = img {
                    let thumbnail = img.thumbnail(64, 64);
                    thumbnail.save(output_path).unwrap();
                    local_count += 1;
                }
            }
            let mut writer = processed_count.lock().unwrap();
            *writer += local_count;
        }));
    }
    for handle in handles {
        handle.join().unwrap();
    }

    println!(
        "Processed {} images",
        processed_count.as_ref().lock().unwrap()
    );
}
```

　画像ファイルのリストを4分割してサムネイルを作成するので、まずは画像ファイルの総数を
知る必要があります。そのため、24行目から32行目にかけて、画像ファイルのパスの一覧を作っ
ています。

　36行目からのforループが、処理の本体です。

12-3　さまざまなデータ同期方法　　　　415

36行目の **all_paths.chunks()** で画像ファイルの一覧を4等分し、4等分した個々の塊（chunk）について40行目でスレッドを立てて処理しています。 **chunks** は配列やスライスに対して使えるメソッドで、指定した長さの塊に配列を分割します。**(all_paths.len() + 3) / 4** は画像ファイルの総数を4で割って切り上げた値なので、結果として同じ長さの塊4つに配列が分割されます。4等分できない端数は、最後の塊で調整されます。例えば1234枚画像があれば、先頭から309枚、309枚、309枚、307枚という分割の仕方になります。

37行目で **chunk.to_vec()** しているのは、**chunks** がスライスを返し、40行目からのクロージャに所有権をムーブできないからです。 **args.output** も所有権をムーブする必要があるため、39行目で **clone** しています。

それでは実行して速度を測ってみましょう。前節と異なり、今度はリリースビルドします。

```
$ cargo build --release
$ time ./target/release/thumbnail input output
# => Processed 41620 images
# => ./target/release/thumbnail input output 414.54s user 85.28s system
455% cpu 1:49.66 total
```

このコマンドは1分49.66秒つまり約110秒で終わるようになりました。並列化前は約400秒でしたので、およそ3.6倍速くなったことになります。

さて、実は今回のサムネイルを作成する処理は、成功した数を最後にまとめて足し合わせず、サムネイルを作成するごとに足し合わせたとしてもほとんど実行時間に差が出ません。試してみましょう。

```
for chunk in all_paths.chunks((all_paths.len() + 3) / 4) {
    let chunk = chunk.to_vec();
    let processed_count = processed_count.clone();
    let output = args.output.clone();
    handles.push(thread::spawn(move || {
        // let mut local_count = 0;    // 削除
```

```
        for path in chunk {
            let output_path = output.join(path.file_name().unwrap());
            let img = image::open(&path);
            if let Ok(img) = img {
                let thumbnail = img.thumbnail(64, 64);
                thumbnail.save(output_path).unwrap();
                // local_count += 1;   // 以下のコードに変更
                let mut writer = processed_count.lock().unwrap();
                *writer += 1;
            }
        }
        // 削除
        // let mut writer = processed_count.lock().unwrap();
        // *writer += local_count;
    }));
}
```

```
$ cargo build --release
$ time ./target/release/thumbnail input output
# => Processed 41620 images
# => ./target/release/thumbnail input output 415.32s user 89.34s system
447% cpu 1:52.68 total
```

　1分52.68秒でしたので、時間差は誤差の範囲内です。なお、繰り返しになりますが、時間差を厳密に比較したい場合は、繰り返し実行して評価することを忘れないようにしましょう。

　たった5行の差ですが、今回使っているデータ量ではミューテックスのロック回数には4万倍もの差があります。それでもほとんど実行時間が変わらないのは、ロック獲得処理が重いというのがあくまで単純な足し算処理と比較したときの話で、サムネイルを作成する処理と比べれば圧倒的に軽いからです。このように、処理時間のボトルネックになっていない部分はさほど高速に動かなくても全体への影響は小さいです。別の言い方をすると、ボトルネックになっていない部分をいくら高速化してもメリットは小さく、ボトルネックになっている部分の最適化に注力するべきです。

12-3　さまざまなデータ同期方法

COLUMN　アムダールの法則

　アムダールの法則とは、プログラムを並列処理するときの高速化の限界に関する法則です。アムダールの法則にはさまざまな言い表し方がありますが、その一つが「プログラムには並列実行しやすい部分としにくい部分とがあり、並列実行しやすい部分の並列度をいくら上げてもプログラム全体の実行時間は並列実行しにくい部分がボトルネックになる」というものです。

　例えば、ある10秒かかるプログラムが並列化しやすい処理Aとしにくい処理Bとで成り立っていたとして、並列化していない状態では処理Aに2秒、処理Bに8秒かかるとします。

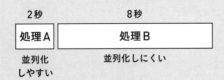

● 並列化しやすい処理Aだけ並列化して100倍速の処理A'に

● 並列化しにくい処理Bを頑張って2倍速の処理B'に

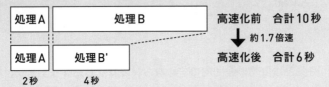

　このとき、並列化しやすい処理Aを頑張って並列化して100倍速にしたとしても、全体の処理時間は 2 / 100 + 8 = 8.02秒 となり、元の実行時間10秒と比べると2割ほどしか速くなっていないことになります。並列化しにくい処理Bに手を加えていないので、処理Bにかかる時間よりも短くなりようがないのです。

　さて、並列化しにくい処理Bを頑張って2倍速にするとどうでしょう？　全体の処理時間は 2 + 8 / 2 = 6秒 となり、元の実行時間と比べて4割も速くなっています。

このように、「ボトルネックになっている部分を中心に実行時間を改善しないと、高速化の効果が小さい」ということがアムダールの法則のもう一つの側面です。

チャンネル

本節の締めくくりとして、並列処理に便利なフレームワークを2つ紹介します。

チャンネルは、データを送信側から受信側の一方向にのみ送る場合に便利な標準ライブラリの機能です。std::sync::mpsc::channel モジュールの channel() 関数を呼ぶと、送信側の Sender と受信側の Receiver がペアで作られます。Sender の send メソッドでメッセージ送信、Receiver の recv メソッドで受信ができます。Sender を drop するとメッセージ送信終了し、Receiver の recv メソッドが Err を返すようになります。send メソッドや recv メソッドはミューテックスなしで呼べるため、データの送受信が簡単にできます。

早速使ってみましょう。

```
// コマンド引数は省略

fn main() {
    let args = Args::parse();

    create_dir_all(&args.output).unwrap();

    let mut handles = vec![];
    let mut channels = vec![];
    let (counter_tx, counter_rx) = channel::<usize>();
    // 受信側 = サムネイル作成処理側 の立ち上げ
    for _ in 0..4 {
        let (tx, rx) = channel::<PathBuf>();
        channels.push(tx);
        let counter_tx = counter_tx.clone();
```

12-3　さまざまなデータ同期方法　　**419**

```rust
        let output = args.output.clone();
        handles.push(thread::spawn(move || {
            while let Ok(path) = rx.recv() {
                let output_path = output.join(path.file_name().unwrap());
                let img = image::open(&path);
                if let Ok(img) = img {
                    let thumbnail = img.thumbnail(64, 64);
                    thumbnail.save(output_path).unwrap();

                    counter_tx.send(1).unwrap();
                }
            }
        }));
    }


    // 送信側は画像ファイルのパスを送信する
    for (index, item) in read_dir(&args.input).unwrap().enumerate() {
        let item = item.unwrap();
        let path = item.path();
        if path.is_dir() {
            continue;
        }
        channels[index % channels.len()].send(path).unwrap();
    }


    // 処理の完了通知
    for channel in channels {
        drop(channel);
    }
    drop(counter_tx);
    for handle in handles {
        handle.join().unwrap();
```

```
    }

    println!("Processed {} images", counter_rx.iter().count());
}
```

この例では、各スレッドへの画像ファイルのパスの割り振りと、成功したファイルの数の集計の2カ所でチャンネルを使っています。

46行目から53行目で画像ファイルを列挙してチャンネルに画像ファイルのパスを送信し、25行目から43行目で立ち上げたスレッドで受信した画像ファイルのパスからサムネイル画像を作成・保存、56行目から62行目で結果を集計しています。

標準ライブラリのチャンネルは1つのチャンネルにつき送信側は複数作れますが、受信側は1つだけです。そのため、ファイルの数の集計は1チャンネルで構わないものの、画像ファイルのパスの割り振りはスレッドと同じ数だけチャンネルが必要です。そのため、22行目と26行目、27行目のように画像ファイルのパスをやりとりするチャンネルは複数用意し、結果を集計するためのチャンネルは23行目と28行目のように使いまわしています。

ちなみに、このようにデータを生産する側とデータを消費する側とが明確に分かれたプログラムの構造を、**Producer-Consumer パターン**と呼ぶことがあります。今回の例では、結果を集計する部分を除いてみると、46行目から53行目が画像ファイルの一覧を生成するProducer、30行目から42行目が画像ファイルをサムネイルに変換するConsumerです。チャンネルは、Producer-Consumerパターンの実装に便利なフレームワークの1つです。

rayonでお気軽並列処理

最後に紹介するのが、気軽に並列処理をするのに便利な crate である **rayon** です。**rayon** を使うと、データごとに独立して処理を行う**データ並列**と呼ばれる種類の並列処理が簡単に書けるほか、独立して実行可能な**タスク**と呼ばれる単位にプログラムを分割して並列に処理する**タスク並列**と呼ばれる種類の並列処理もサポートしています。

余談ですが、**rayon** という名前はスレッド（thread; 糸）から来ています。もともと、上質な繊維である絹 (silk) をもじった **Cilk** というライブラリがあり、**Cilk** と同様にスレッドプールと呼ばれる方法を使った Rust の crate ということで、合成繊維であるレーヨンから名前をつけられています。

さて、本章の目的であるサムネイル作成処理ですが、これはファイルごとに独立して行えます。そのため、rayon のデータ並列用機能を使って実装してみましょう。

```rust
// コマンド引数は省略

fn main() {
    let args = Args::parse();

    create_dir_all(&args.output).unwrap();

    let items: Vec<_> = read_dir(&args.input).unwrap().collect();
    let result = items.into_par_iter().map(|item| {
        let item = item.unwrap();
        let path = item.path();
        let output_path = args.output.join(path.file_name().unwrap());
        let img = image::open(&path);
        if let Ok(img) = img {
            let thumbnail = img.thumbnail(64, 64);
            thumbnail.save(output_path).unwrap();
```

```
            1
        } else {
            0
        }
    });
    println!("Processed {} images", result.sum::<u32>());
}
```

rayon の使い方はとても簡単で、**use rayon::prelude::*** した状態で **into_par_iter()** メソッドを呼ぶと、それだけで並列にデータを処理できることを表す trait である **rayon::iter::ParallelIterator** に変換してくれます。**ParallelIterator** には通常の **Itrerator** と同様に **all**, **any**, **count**, **map** といったメソッドが用意されていて、これらのメソッドを呼べば結果の集計まで可能です。

今回のサムネイル作成処理は、各画像ファイルについてサムネイル画像を作成・保存し成功した数を数えるため、「各画像ファイルのパスについて、サムネイル画像を作成・保存し、成功すれば1、失敗すれば0」を返したイテレータの和を取れば、成功したファイルの数が取れます。

さらに **rayon** の嬉しい点として、スレッド数を決め打ちする必要性が低いことが挙げられます。これまでの本節の実装ではスレッド数を最初から決め打ちしていました。しかし、最適なスレッド数はプログラムを実行する環境や行う処理の内容によって異なり、より性能を引き出すには調整が必要です。 rayon ではデフォルトで CPU のコア数と同数のスレッドが裏で立ち上がるようになっているため、あまり調整せずともそこそこ性能が出るようになっています。

なお、プログラムの実行速度にはさまざまな要因が絡んでいます。そのため、極限まで性能を引き出すためにはやはり調整は必要になってきます。

よくある勘違いとして、「CPU はコンピュータが計算をする心臓部分なのでプログラムの実行速度には CPU の処理能力が重要で、プログラムをきちんと並列化すると CPU のコア数倍だけ速くなる」があります。しかし現実には、CPU の処理能力だけでなく、メモリやファイルの読み書き、ネットワークの通信など、さまざまな要素が処理速度のボトルネックになっています。実際、rayonを使ったことによりこれまで4並列だった処理が手元の環境では10並列に変わりましたが、それでも処理速度は2倍にもなっていません。

12-3 さまざまなデータ同期方法

また、そもそも極限まで性能を引き出す必要性がどこまであるか、という話もあります。頑張って性能を引き出しても数％しか処理時間が変わらないのであれば、それよりもプログレスバーで進捗を表示したり処理終了時に通知を受け取れるようにしたりすることに手間をかけるほうがユーザー体験としては良くなることが多いです。

並列処理などさまざまなテクニックを駆使して極限までプログラムの性能を引き出すことはロマンがありますし、ときとして必要ではあります。しかし、バックエンドエンジニアとしてシステムを開発していくうえでは、難しいチューニングをせずとも済むさまざまな回避策がある、という知識をあなたのシステム開発の道具箱に加えておくとよいでしょう。

まとめ

本章では、画像処理ツールの高速化を通じて、基本的な並列処理の仕方と排他制御、さまざまなデータ同期方法について学びました。

Rust は安全な言語設計のため、Rust の流儀に従って自然にプログラムを書いていれば、並列処理する状況の下でも不具合が起こりにくいようになっています。しかし、本章であえて"不可解な"状況を体験したことで、依然として並列処理は難しいということを実感いただけたのではないでしょうか？

難しいがロマンもメリットもある並列処理。高速化に頼らないほかのユーザー体験改善策と比較検討してどの対策をいつ打つか。この判断は、バックエンドエンジニアとしての腕が試される場面です。

COLUMN 並列処理とウェブフレームワーク

本章は並列処理でプログラムを高速化する方法を紹介する章ですが、本文中では繰り返し、高速化を回避できるなら回避しよう、と書き続けてきました。これは必要がないうちから先回りして高速化すると、通常はプログラムの見通しが悪くなり改修が難しくなるからです。

しかし、見通しのよい状態で自然に並列処理ができるなら、使わない手はありません。

例えば第10章で登場した actix-web は、実は actix-web の書き方の流儀に従うだけで複数のリクエストを同時に処理できるようになっています。あたかも並列処理を本章で初めて扱ったかのような書き方をしましたが、第10章の段階ですでに登場していたのです。

もっとも、actix-web に限らず多くのウェブフレームワークが複数のリクエストを同時に処理できるようになっている目的は、本章で扱った「時間のかかるプログラムの実行時間を速くする」こととは少し方向性が異なります。もちろん大量のリクエストを効率的にさばけるようにすることも目的の一つではあるのですが、それよりも「時間のかかるリクエストが来たとしても、ほかのリクエストが待たされないようにする」ことが大きいです。

一般に、サーバーにはさまざまな環境のクライアントが接続します。その中には当然、通信速度の極端に遅いクライアントも交ざっていることでしょう。サーバーが同時に1リクエストしかさばけないとすると、極端に遅いクライアントとの通信が終わるまでほかのクライアントからのリクエストが待たされることになり、ほかのクライアントが大変不便になります。

また、ウェブサーバーで行う処理は原則としてリクエスト単位で閉じていて、ほかのリクエストに関係なく独立して処理できます。そのため、リクエストごとの同期を考える必要がなく、並列化もしやすいです。

これらの理由から、ウェブフレームワークでは最初からクライアントからのリクエストを同時に処理できるようになっていることが多いのです。

第13章

バックエンドエンジニアになろう
[採用面接]

本章では、バックエンドエンジニアの採用にあたって、どのような選考が行われるかを解説し、その選考を突破するための対策を紹介します。ほかの職種にはない技術面接について、実際の問題と、その解き方も紹介します。

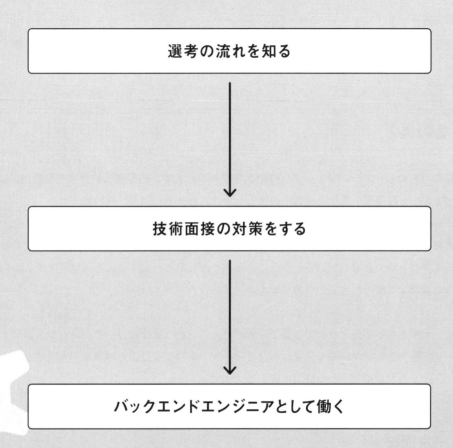

SECTION 13-1 選考の流れ

バックエンドエンジニアの採用選考の流れについて紹介します。採用選考は企業によって大きく異なることはもちろん、同じ企業でもポジションによって異なるため、あくまで一例として参考にしてください。

書類選考

採用選考の第一ステップとして、書類選考が行われます。応募者の経歴や志望動機、自己PRなどを書いた履歴書や職務経歴書を提出し、その内容を基に選考が行われます。

書類選考はあくまで募集中のポジションに合致しているかを確認するためのものなので、応募したポジションに合致しているということをきちんとアピールすることが重要です。この書類は以降の面接でも使われることがあります。

詳しく聞きたい部分については書類選考のあとに行われる面接の中で面接官から質問するので、すべての項目を事細かに書く必要はありませんが、書類にないことは面接官も質問しようがないので、できるだけ網羅的かつ簡潔に書くとよいでしょう。

一次面接

書類選考を通過した応募者に対して、一次面接が行われます。一次面接では、応募者の志望動機やスキル、経験などを詳しく聞かれることが多いです。

社会人であれば、過去に取り組んでいたプロジェクトなどについて具体的に説明が求められることが多いでしょう。プロジェクトを推進する中で難しい課題に直面し、それをどのように解決したか、うまくいかなかった場合はどのように対処したかなど、詳細に説明を求められます。自

分の過去の経験を振り返り、説明できるように準備しておくとよいでしょう。昔のことは意外と忘れているもので、思い出すのに時間がかかったりします。面接の時間は限られているので、できるだけスムーズに話せるようにしておきましょう。

エンジニア未経験の社会人の場合でも、コーディング以外の必要スキルは他職種と共通している部分が少なからずあります。そのため、自分がこれまで勉強して獲得したエンジニアとしてのスキルだけではなく、現職や前職で取り組んだプロジェクトについて説明できるように準備しましょう。

学生であれば、学校でどのような勉強に取り組んでいるか、仕事のどのような点に興味があって応募したのか、などを詳しく説明することが求められるでしょう。会社としては採用した学生には少なくとも数年は働いてほしいと考えているので、そのポジションの仕事で主に行うことになる業務に興味があるかどうかが気になるはずです。例えば、主にプログラミングを行うポジションであれば、プログラミングに興味がある学生を採用したいと考えるでしょう。自分が応募したポジションの業務内容について、どのようなことを知っているか、どのようなことに興味があるかを説明することが重要です。

技術面接

バックエンドエンジニアなどの技術職の場合、技術面接が行われることもあります。技術面接では、プログラミング言語やフレームワーク、データベースなどの知識や経験を問われることが多いです。また、アルゴリズムやデータ構造に関する問題や、システムアーキテクチャに関する問題を解くこともあります。

実際の開発業務では、データベースやフレームワークをゼロから実装することはなく、すでにあるものを使うことがほとんどですが、それらが内部ではどのように動いているかを知っていなければ効率のよいソフトウェアを開発できません。面接でも、よく使っているフレームワークやデータベースについて、内部の仕組みや仕様について質問されることがあります。普段から使っているものについて、内部の仕組みや仕様について調べておくとよいでしょう。

アルゴリズムやデータ構造に関する問題は、開発業務に直接関係がないように見えるかもしれませんが、それらを理解していないと、効率のよいプログラムを書くことができません。普段の開発でもアルゴリズムやデータ構造の仕組みを理解して使うように心がけておくとよいでしょう。また、面接ではホワイトボードにコードを書いたり、アルゴリズムを説明したりすることがあります。普段1人でコードを書いていると、ほかの人に説明することが少ないかもしれません。ほかの人に自分が書いたコードを説明する練習をしておくと、面接でもスムーズに説明できるでしょう。

　問題を出題して解かせるような形式の面接には、応募者のスキルチェックの側面もありますが、それに加えて、面接官と協力して問題に取り組む様子を見ることで、入社後にチームでディスカッションしながら開発に取り組むことができるかを、確認する役割もあります。出題される問題が難しく感じることもあるかもしれませんが、独力ではなく、面接官と協力して解くことが想定されている場合もあります。問題を解くときは、できるだけ考えていることを口に出しながら解き進めるように心がけ、じっと黙って考え込んでしまわないように気をつけましょう。たとえ詰まってしまったとしても、今考えている方針を面接官と共有できると、面接官からヒントを出してもらえるかもしれません。

二次面接

　技術面接を通過した応募者に対して、二次面接が行われます。二次面接では、一次面接で聞かれた内容や技術面接で問われた内容に加えて、より深く掘り下げた質問がされることが多いです。また、チームリーダーや部長など、より上のポジションの人と面接することもあります。

SECTION 13-2 | 技術面接の対策

技術面接の中でも、アルゴリズムやデータ構造に関する問題はイメージが湧きにくいかもしれません。ここでは、アルゴリズムやデータ構造に関する問題を2問取り上げ、具体的にどのように解いていくかを解説します。

問題A

N 個の整数を持つ配列 A と M 個の整数を持つ配列 B があります。それぞれの配列の要素は小さい順に並んでいます。

この 2 つの配列を結合し、要素が小さい順に並んでいる $N+M$ 要素の 1 つの配列を作ってください。例えば、配列 $A = [1, 2, 4, 5, 8]$, $B = [2, 3, 4, 5, 6, 7]$ の場合、結合した配列は $[1, 2, 2, 3, 4, 4, 5, 5, 6, 7, 8]$ となります。

条件
- $0 \leq N, M \leq 100{,}000$
- 配列 A, B の各要素はすべて 1 以上 $1{,}000{,}000{,}000$ 以下の整数

解法A

次のような関数に回答を実装することにします。

```
fn solve(a: Vec<i32>, b: Vec<i32>) -> Vec<i32> {
    ...
}
```

Vec には、その要素数を取得する **len()** という関数と、その要素を小さい順に並べ替える **sort()** という関数が存在します。これらを使って、次のようなロジックを実装します。

1. ans という空の Vec を作る
2. a の要素をすべて ans に入れる
3. b の要素をすべて ans に入れる
4. sort() を使って ans の要素を小さい順に並べ替える

このロジックを次のコードのように実装します。

```rust
fn solve(a: Vec<i32>, b: Vec<i32>) -> Vec<i32> {
    // a と b の要素数をそれぞれ取得しておく
    let n = a.len();
    let m = b.len();

    // ans という空の Vec を作る
    let mut ans = vec![];

    // a の要素をすべて ans に入れる
    for i in 0..n {
        ans.push(a[i]);
    }

    // b の要素をすべて ans に入れる
    for i in 0..m {
        ans.push(b[i]);
    }

    // ans の要素を小さい順に並べ替える
    ans.sort();
    ans
}
```

このコードが正しく動作するかどうか、次のようなテストコードで確認できます。

```
#[test]
fn test_solve() {
    let ans = solve(vec![1, 2, 4, 5, 8], vec![2, 3, 4, 5, 6, 7]);
    assert_eq!(ans, vec![1, 2, 2, 3, 4, 4, 5, 5, 6, 7, 8]);
}
```

計算量を考える

　このようなロジックを考え、実際に実装させるような技術面接では、実装するロジックがどのくらいの時間で終了するか、どのくらいのメモリを必要とするか、といったことも質問されることがあります。ロジックが動作するのに必要な時間やメモリの見積もり量を**計算量**と呼び、必要な時間の見積もり量をとくに**時間計算量**と呼びます。

　時間計算量は、ロジックの実行時間がどの値に比例するかに注目して考えます。実行時間が N におおよそ比例する場合、$O(N)$ と書きます。

　先ほどのロジックの各ステップの時間計算量は、それぞれ次のようになります。

1. ans という空の Vec を作る
    - N や M の値に左右されず、常に一定の時間で終了します。この場合の時間計算量は $O(1)$ と書きます。
2. a の要素をすべて ans に入れる
    - Vec に1要素を入れるのにかかる時間は、Vec の要素数にかかわらず常に一定です。この操作を N 回行うため、実行時間は N に比例します。そのため、時間計算量は $O(N)$ となります。
3. b の要素をすべて ans に入れる
    - 先ほどと同様に考えると、時間計算量は $O(M)$ となります。
4. sort() を使って ans の要素を小さい順に並べ替える
    - X 要素の配列を小さい順に並べ替える操作の時間計算量は $O(X \log X)$ であることが知られています。ans の要素数は $N + M$ なので、このステップの時間計算量は $O((N+M) \log (N+M))$ です。

第13章

13-2　技術面接の対策　　433

全体の時間計算量を考えてみると、最後のステップが支配的になっていると言えます。よって、このロジック全体の計算量は $O((N+M)\log(N+M))$ となります。

計算量を意識した解法

実は、この問題にはより小さい時間計算量の解法が存在します。次のようなロジックを考えてみましょう。

1. ans という空の Vec を作る
2. 次のステップを、a も b も空になるまで繰り返す
   - a. a が空のとき、b の先頭の要素を ans に入れ、b の先頭の要素を b から削除する。
   - b. b が空のとき、a の先頭の要素を ans に入れ、a の先頭の要素を a から削除する。
   - c. a も b も空ではないとき、a の先頭の要素と b の先頭の要素を比較する。a の先頭の要素のほうが小さいとき、a の先頭の要素を ans に入れ、a の先頭の要素を a から削除する。b の先頭の要素のほうが小さいとき、b の先頭の要素を ans に入れ、b の先頭の要素を b から削除する。

繰り返しの各ステップの時間計算量は、次のようになります。

1. a が空のとき、b の先頭の要素を ans に入れ、b の先頭の要素を b から削除する
   - Vec から要素を削除する操作の時間計算量は Vec の要素数に依存しますが、後述の実装のように、見ている要素をずらすことで削除したことにすると、時間計算量は $O(1)$ となります。
2. b が空のとき、a の先頭の要素を ans に入れ、a の先頭の要素を a から削除する
   - 同様に、このステップも時間計算量は $O(1)$ となります。
3. a も b も空ではないとき、a の先頭の要素と b の先頭の要素を比較する。a の先頭の要素のほうが小さいとき、a の先頭の要素を ans に入れ、a の先頭の要素を a から削除する。b の先頭の要素のほうが小さいとき、b の先頭の要素を ans に入れ、b の先頭の要素を b から削除する
   - 比較も $O(1)$ であるため、このステップも $O(1)$ となります。

繰り返しは $N+M$ 回行われるため、ロジック全体の時間計算量は $O(N+M)$ となります。これは $O((N+M)\log(N+M))$ よりも効率がよいです。

このロジックは次のような実装になります。

```rust
fn solve(a: Vec<i32>, b: Vec<i32>) -> Vec<i32> {
    // a と b の要素数をそれぞれ取得しておく
    let n = a.len();
    let m = b.len();

    // ans という空の Vec を作る
    let mut ans = vec![];

    // a の先頭の要素を指す値を i として定義する
    // i に 1 を足すことで、a の先頭の要素を削除する操作に代える
    // i=n のとき、a が空になったと見なすことができる
    let mut i = 0;

    // 同様に、b の先頭の要素を指す値を j として定義する
    let mut j = 0;

    // a と b の両方が空になるまで、次の処理を繰り返す
    while i < n || j < m {
        if i == n {
            // a が空のとき、b の先頭の要素を ans に追加する
            ans.push(b[j]);

            // 追加した b の先頭の要素を削除する
            j += 1;
        } else if j == m {
            // b が空のとき、a の先頭の要素を ans に追加する
            ans.push(a[i]);

            // 追加した a の先頭の要素を削除する
            i += 1;
```

```
    } else if a[i] < b[j] {
        // a の先頭の要素が b の先頭の要素よりも小さいとき、
        // a の先頭の要素を ans に追加する
        ans.push(a[i]);

        // 追加した a の先頭の要素を削除する
        i += 1;
    } else {
        // b の先頭の要素が a の先頭の要素よりも小さい、または等しいとき、
        // b の先頭の要素を ans に追加する
        ans.push(b[j]);

        // 追加した b の先頭の要素を削除する
        j += 1;
    }
}

ans
}
```

　このように、同じ結果を返す処理であっても、ロジックによって効率が異なります。先ほどの例では、計算量が $O(N+M)$ で複雑なコードと、$O((N+M)\log(N+M))$ でシンプルなコードの対比になりましたが、実際の業務でも、このような読みやすさと実行速度のトレードオフが発生することがしばしばあります。あまりにも遅いコードは受け入れられませんが、多少の速度差であれば読みやすさを取ることも考えられるでしょう。計算量は、この差を受け入れられるかどうかの判断材料になります。自分が書くコードの計算量を日頃から意識しておくとよいでしょう。

問題B

N 文字の文字列 X があります。この文字列は (と) の2種類の文字からのみ構成されています。この文字列が、「正しい括弧列」であるかどうかを判定してください。「正しい括弧列」は次のように定義されています。

・() は正しい括弧列です
・文字列 S が正しい括弧列であるとき、文字列 ($+$ S $+$) は正しい括弧列です。
・文字列 S と文字列 T が正しい括弧列であるとき、S $+$ T は正しい括弧列です。
・それ以外の文字列はすべて正しい括弧列ではありません。

条件
・$1 \leqq N \leqq 100{,}000$

解法B

問題文は形式的な言い方になっていますが、「正しい括弧列」とは括弧がお互いに対応した文字列のことを言います。例えば (())() は正しい括弧列ですが、())(() は正しい括弧列ではありません。

正しい括弧列であるとき、各) は必ず左側に対応する (が存在するはずです。同様に、各 (は必ず右側に対応する) が存在するはずです。よって、正しい括弧列ではない文字列の条件として、次の2つを挙げることができます。

- 文字列を左から見ていったとき、対応する (が存在しない) が出現したら、その文字列は正しい括弧列ではない
- 文字列を左から見ていき、対応する (と) を消していったとき、最後に (が1文字でも残っていたら、その文字列は正しい括弧列ではない

ここから、次のような解法のロジックを考えることができます。

13-2　技術面接の対策　　437

1. まだ対応する) が見つかっていない (の数を left とする。最初は left=0 である
2. 文字列を左から 1 文字ずつ見る
   - a. 見た文字が (のとき、left に 1 を足す。
   - b. 見た文字が) のとき、left が 0 であれば文字列は正しい括弧列ではない。left が 0 より大きいとき、left から 1 を引く。
3. すべての文字を見終わったとき、left が 0 であれば文字列は正しい括弧列である

いくつかの例で考えてみましょう。

文字列が (())() のとき、見ている文字と left の状態は次のようになります。

見ている文字		(	(	)	)	(	)
left	0	1	2	1	0	1	0

最後の文字まで見ることができ、最終的に left が 0 になっているため、正しい括弧列であることがわかります。

文字列が ())(() のときは、次のようになります。

見ている文字		(	)	)	(	(	)
left	0	1	0	正しい括弧列ではないことがわかる			

途中で正しい括弧列ではないことがわかります。

文字列が (())((のときは、次のようになります。

見ている文字		(	(	)	)	(	(
left	0	1	2	1	0	1	2

最後の文字まで見ることができましたが、最終的に **left** が0になっていない、つまり対応し
ていない **(** が残ってしまっているため、正しい括弧列ではないことがわかります。

　このロジックは次のように実装できます。

```rust
fn solve(s: Vec<char>) -> bool {
    let n = s.len();

    // まだ対応する ) が見つかっていない ( の数を left とする。最初は left=0 である
    let mut left = 0;

    // 文字列を左から1文字ずつ見る
    for i in 0..n {
        if s[i] == '(' {
            // 見た文字が ( のとき、left に1を足す
            left += 1;
        } else {
            // 見た文字が ) のとき、left が0であれば文字列は正しい括弧列ではない
            if left == 0 {
                return false;
            } else {
                // left が0より大きいとき、left から1を引く
                left -= 1;
            }
        }
    }

    // すべての文字を見終わったとき、left が0であれば文字列は正しい括弧列である
    if left == 0 {
        return true;
    } else {
        return false;
```

```
    }
}
```

また、このコードのテストは次のように実装できます。

```
#[test]
fn test_solve() {
    let ans = solve(vec!['(', ')', '(', ')', '(', ')', '(', ')', '(', ')']);
    assert_eq!(ans, true);
}
```

　この解法の時間計算量を考えてみましょう。left に1を足したり1を引いたりする操作は $O(1)$ であり、この操作を N 回繰り返すことから、全体の計算量は $O(N)$ となります。

COLUMN　技術面接の練習

　技術面接で出題される問題は、その会社に実際に存在する問題をベースにしていることが多いですが、解くべき問題の部分は、アルゴリズムやデータ構造に関する基本的な問題が多いです。そのため、技術面接の練習をする際には、アルゴリズムやデータ構造に関する基本的な問題を解くことが重要です。

　「Cracking the Coding Interview」という、技術面接の攻略本とも言える書籍がありますので、これを使って練習するのもよいでしょう。この本には、アルゴリズムやデータ構造に関する基本的な問題が多数掲載されており、それらが実際の面接ではどのような切り口で問われるかなども解説されています。

まとめ

本章ではおおまかな選考の流れを学びました。また、その中でもとくにコーディングの面接について、問題例を取り上げました。会社にとっても候補者にとっても、採用選考は新しい仲間を見つけるための場となります。問題を解くときも、テストを受けているような心持ちではなく、同僚とディスカッションしているような気持ちで臨めるとよいでしょう。

索引
Index

記号

_	078
==	067
()	335
?	332
&mut	124
&str	060, 138

A

actix-web	346
anyhow	341
Arc	411
as	244
askama	354
assert_eq!	295
assert!	295
await	347

B

binary crate	230
bool	059, 067
break	078

C

Cargo	031, 041
cargo add	073, 250
cargo build	043
cargo clippy	022, 033, 046
cargo fmt	033, 048
cargo help	251
cargo new	041, 231
cargo run	043, 182
cargo test	295
Cargo.lock	043
Cargo.toml	042
char	059
chrono	201, 250, 279
clap	183
Clone	158
continue	121
Copy	158
crate	020, 230
crates.io	020, 250, 271
CRUD	180
CSV	191

D

Date	201
DateTime	279
dbg!	066
Debug	158
derive	158
Display	158
drop関数	136

E

enum	091
Err	329

Error 329

F

f32 059
f64 059
FALSE 067
for in 076
From 158, 339
fuzzy-matcher 259

G

Git 265, 388
GitHub 265, 388

H

HashMap 150
HTML 350
HTTP 371

I

i16 .... 059, 070
i32 .... 059, 070
i64 .... 059, 070
i8 .... 059, 070
if...067
if let 380
image...396
Into 158

IntoIterator..158
isize...059, 070
Iterator 158

J

JSON 277

L

lib.rs 231
library crate..231
loop 076

M

main.rs 036, 231
main関数 108
map_err関数 338
match..078
mod 234
mod.rs 247
module 233
mut...063
Mutex 411

N

NaiveDate...201
NaiveDateTime 279
None 084
null 022, 085

443

索引 Index

O

O(N)	433
Ok	327
Option	022, 085

P

package	231
println!	047, 066
println!()	064
pub	232

R

rand	073, 095
rayon	422
RDB	370
render.com	391
reqwest	250
Result	023, 327
return	146
rstest	301
rust-analyzer	049
rustfmt	021

S

self	146, 237
serde	215, 278
serde_json	278
Some	084
SQL	363

SQLite

SQLite	363
sqlx	363
String	060, 138
struct	091
super	237

T

thiserror	341
tokio	347
TRUE	067

U

u16	059, 070
u32	059, 070
u64	059, 070
u8	059, 070
unreachable!()	107
unsafe	406
unwrap	333
use	232, 245
usize	059, 070

V

Vec	094, 138

W

while	076

ア行

アーム	078
値	058
値渡し	122
アムダールの法則	418
インスタンス	093
ウェブアプリケーション	344
永続性	180
エラーハンドリング	326
演算子	062
オーバーフロー	070

カ行

型	059
型引数	155
可変参照	124
仮引数	108
関数	107
関連関数	149
境界値テスト	304
競合状態	408
計算量	433
結合テスト	323
構造体	092
コピーセマンティクス	140
コマンドライン引数	181
コメント	057
コレクション	094

サ行

サーバー	344
再帰	170, 176
参照外し	124
参照渡し	122
ジェネリクス	154
時間計算量	433
式	061
識別子	060
実行可能	182
実行可能ファイル	039, 400
実引数	108
借用	132
シャドーイング	062
所有権	018, 132
シリアライズ	215
スコープ	061, 132
スタティック変数	406
スライス	137
スレッド	403
絶対パス	236
ゼロコスト抽象化	018
相対パス	236
束縛	060

タ行

タグ	351
タスク並列	422
タプル構造体	143

索引
Index

単体テスト 323
チャンネル 419
抽象化 018
データベース 363
データ型 058
テーブル 364
デシリアライズ 215
テスト 020, 260, 274
デバッグ 315
テンプレートエンジン 354
同値クラステスト 304
同値分割法 304
トレイト 154

ハ行

排他制御 409
パイプ 404
バックエンド 362
パッケージ 041
パッケージマネージャ 020
バッチ処理 227
バッファー 194
パラメータ化テスト 303
引数 108
標準エラー出力 066
標準出力 066
標準入力 066
フィールド 093
フォーマッタ 021

不変 062
不変参照 124
フレームワーク 346
プロセス 403
ブロック 061
ブロック式 110
フロントエンド 362
文 061
変数 060

マ行

マーカートレイト 158
マルチスレッド 404
マルチプロセス 404
ミューテックス 409
ムーブセマンティクス 140
メソッド 146
モジュールシステム 230
文字列型 059
戻り値 108

ヤ行

ユニットテスト 020

ラ行

ライセンス 256
ライフタイム 132
リクエスト 344
リテラル 058

リポジトリ 266, 388
リポジトリパターン 308
リンター 021
レスポンス 344
列挙型 092
列挙子 093
連想配列 150

カバーイラスト：玉利 樹貴
装丁デザイン：霜崎 綾子
DTP：富 宗治
編集担当：畠山 龍次

バックエンドエンジニアを目指す人のための Rust ^{ラスト}

2024年10月25日　初版第 1 刷発行

著者　　安東 一慈、大西 諒、徳永 裕介、中村 謙弘、山中 雄大
発行人　佐々木 幹夫
発行所　株式会社 翔泳社（https://www.shoeisha.co.jp）
印刷・製本　三美印刷 株式会社

©2024　Kazushige Ando, Ryo Oonishi, Yusuke Tokunaga, Kenko Nakamura, Yudai Yamanaka

本書は著作権法上の保護を受けています。本書の一部または全部について（ソフトウェアおよびプログラムを含む）、株式会社 翔泳社から文書による許諾を得ずに、いかなる方法においても無断で複写、複製することは禁じられています。
本書へのお問い合わせについては、002ページに記載の内容をお読みください。
造本には細心の注意を払っておりますが、万一、乱丁（ページの順序違い）や落丁（ページの抜け）がございましたら、お取り替えいたします。03-5362-3705 までご連絡ください。

ISBN978-4-7981-8601-6
Printed in Japan